Günter Roth · ALLGEMEINE OPTIK
Mathematische Ergänzungen
und Übungsaufgaben

Günter Roth

ALLGEMEINE OPTIK

Mathematische Ergänzungen und Übungsaufgaben

Herausgeber: Zentralverband der Augenoptiker, Düsseldorf

ALLGEMEINE OPTIK
Mathematische Ergänzungen
und Übungsaufgaben

Dr. Günter Roth
Soerser Au 7
5100 Aachen

ISBN 3-922269-00-1

Verlag der Deutschen Optikerzeitung
Gesamtherstellung: Druckerei Scharr GmbH, Stuttgart

Inhalt

Seite

1. Mathematische Grundlagen 1
1.1 Winkelfunktionen 1
1.1.1 Die Winkelfunktionen im rechwinkligen Dreieck 1
1.1.2 Die Winkelfunktionen im Einheitskreis 2
1.1.3 Dreieckssätze 4
Pythagoras 4
Kosinussatz 5
Sinussatz 5
1.1.4 Bogenmaß und Kleinwinkelnäherung von Sinus und Tangens 6
1.2 Vektorrechnung 7
1.2.1 Darstellung eines Vektors 7
1.2.2 Horizontal- und Vertikalkomponente 7
1.2.3 Vektoraddition 9

2. Formelableitungen 12
2.1 Scheinbare Gegenstandsverschiebung Δa der planparallelen Platte (AO 3.7.2) 12
2.2 Beweis des paraxialen Zweikreisverfahrens (AO 4.1.4) 12
2.3 Paraxiale Abbildungsformel der Kugelfläche für Dingpunkte außerhalb der optischen Achse (AO 4.1.7) 14
2.4 Gullstrandformel und Lage der Hauptebenen (AO 4.2.5) 15
2.4.1 Berechnung des Brechwertes (Gullstrandformel) 15
2.4.2 Berechnung der Hauptebenen 17
2.5 Beziehung zwischen $\bar{f}$ und r des Kugelspiegels (AO 4.3.2) 18
2.6 Kreis kleinster Verwirrung (AO 5.2.1) 18
2.7 Kühlsche und Sloan-Habelsche Lupenformel (AO 8.2.2) 19
2.7.1 Die Kühlsche Lupenformel 20
2.7.2 Die Sloan-Habelsche Lupenformel 20
2.8 Newtonsche Abbildungsformel (AO 8.4.5) 20

3. Übungsaufgaben 22
3.1 Lichtquellen und Lichtausbreitung (AO 1) 22
3.2 Reflexion des Lichtes (AO 2) 23
3.3 Brechung (Refraktion) des Lichtes (AO 3) 24
3.4 Optische Abbildungen durch Kugelflächen, sphärische Linsen und Spiegel (AO 4) 28
3.5 Optische Abbildungen durch astigmatische Linsen (AO 5) 34
3.6 Bündelbegrenzung (AO 6) 36
3.7 Optische Instrumente (AO 8) 37

4. Lösungen 44
4.1 Lichtquellen und Lichtausbreitung (AO 1) 44
4.2 Reflexion des Lichtes (AO 2) 44
4.3 Brechung (Refraktion) des Lichtes (AO 3) 44
4.4 Optische Abbildungen durch Kugelflächen, sphärische Linsen und Spiegel (AO 4) 46
4.5 Optische Abbildungen durch astigmatische Linsen (AO 5) 49
4.6 Bündelbegrenzung (AO 6) 50
4.7 Optische Instrumente (AO 8) 50

1. Mathematische Grundlagen

1.1 Winkelfunktionen

1.1.1 Die Winkelfunktionen im rechtwinkligen Dreieck

Im rechtwinkligen Dreieck wird die Seite, die dem rechten Winkel gegenüberliegt, als **Hypotenuse** bezeichnet; die Schenkel des rechten Winkels heißen **Katheten.** Auf einen bestimmten Dreieckswinkel bezogen ist die Kathete, die diesem Winkel gegenüberliegt, die **Gegenkathete,** die anliegende Kathete die **Ankathete.** Zum Beispiel ist im Dreieck ABC, Abb. 1.1, für den Winkel α

$\overline{BC}$ = Gegenkathete[1)]
$\overline{AB}$ = Ankathete
$\overline{AC}$ = Hypotenuse

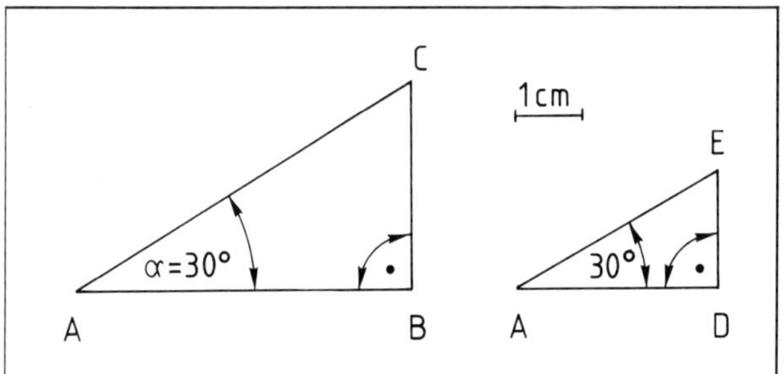

Abb. 1.1 Rechtwinklige Dreiecke ABC, ADE mit dem gleichen Winkel $\alpha = 30°$.

Die verschiedenen Verhältnisse dieser Strecken sind für einen bestimmten Winkel α unabhängig von der Dreiecksgröße. Zum Beispiel gilt für den Winkel $\alpha = 30°$ in den Dreiecken ABC und ADE (Abb. 1.1)

$$\frac{\overline{BC}}{\overline{AC}} = \frac{3\,\text{cm}}{6\,\text{cm}} = 0{,}5 \quad \text{und} \quad \frac{\overline{DE}}{\overline{AE}} = \frac{2\,\text{cm}}{4\,\text{cm}} = 0{,}5.$$

Für einen anderen Winkel ergibt sich ein anderer Zahlenwert dieses Seitenverhältnisses; der neue Wert ist aber wieder unabhängig von der Dreiecksgröße. So können Winkel durch Seitenverhältnisse im rechtwinkligen Dreieck bestimmt werden und umgekehrt. Die Winkelfunktionen sin, cos, tan stellen im rechtwinkligen Dreieck solche Seitenverhältnisse dar; sie sind folgendermaßen festgelegt:

$$\text{Sinus} = \frac{\text{Gegenkathete}}{\text{Hypotenuse}} \tag{1.1}$$

$$\text{Kosinus} = \frac{\text{Ankathete}}{\text{Hypotenuse}} \tag{1.2}$$

$$\text{Tangens} = \frac{\text{Gegenkathete}}{\text{Ankathete}} \tag{1.3}$$

Im Dreieck ABC der Abb. 1.1 gilt daher

$$\sin\alpha = \frac{\overline{BC}}{\overline{AC}} \qquad \cos\alpha = \frac{\overline{AB}}{\overline{AC}} \qquad \tan\alpha = \frac{\overline{BC}}{\overline{AB}}$$

Aus Abb. 1.1 ergibt sich zum Beispiel $\sin 30° = 0{,}5$. Mit einem entsprechend programmierten Taschenrechner können für einen beliebigen Winkel die verschiedenen Winkelfunktionswerte berechnet werden.

Beispiel: $\sin 35° = 0{,}574$; $\tan 35° = 0{,}700$.

Umgekehrt (invers) kann aus einem Winkelfunktionswert der zugehörige Winkel berechnet werden.

Beispiel: inv sin 0,574 = 35°
inv tan 0,700 = 35°.

Dabei muß zunächst der Funktionswert, zum Beispiel der Sinuswert 0,574, eingegeben werden. Nach Betätigung der Funktionstasten inv und sin ergibt sich daraus der zugehörige Winkel. In diesem Sinn ist die Schreibweise der angeführten Rechenbeispiele zu verstehen: inv sin ist die **Umkehrfunktion** der Sinusfunktion. Sie ordnet einem gegebenen Sinuswert den zugehörigen Winkel zu. Entsprechendes gilt für inv tan und inv cos.
Mit Hilfe der Winkel- und ihrer Umkehrfunktionen können eine Vielzahl geometrischer Aufgaben berechnet werden.

Beispiel 1 (Abb. 1.2): Im rechtwinkligen Dreieck ABC ist a = 4 cm; c = 6 cm. Wie groß sind α, β, b?

[1)] Bei der Kennzeichnung einer Strecke durch ihre beiden Endpunkte bedeutet $\overline{AB}$ (Sprechweise: Strecke AB) die Länge der Strecke ohne Vorzeichen (DIN 1335).

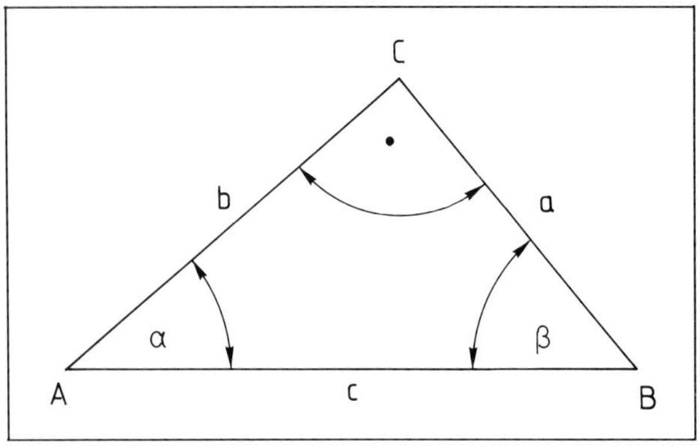

Abb. 1.2 Skizze zu Beispiel 1 (rechter Winkel bei C).

Lösung:

$\sin\alpha = a/c = 4\,\text{cm}/6\,\text{cm} = 0{,}6667$ $\qquad$ $\underline{\alpha = 41{,}8°}$

$\cos\beta = a/c = 4\,\text{cm}/6\,\text{cm} = 0{,}6667$ $\qquad$ $\underline{\beta = 48{,}2°}$

$\tan\alpha = \dfrac{a}{b} \qquad b = \dfrac{a}{\tan\alpha} = \dfrac{4\,\text{cm}}{\tan 41{,}8°} = \underline{4{,}5\ \text{cm}}$

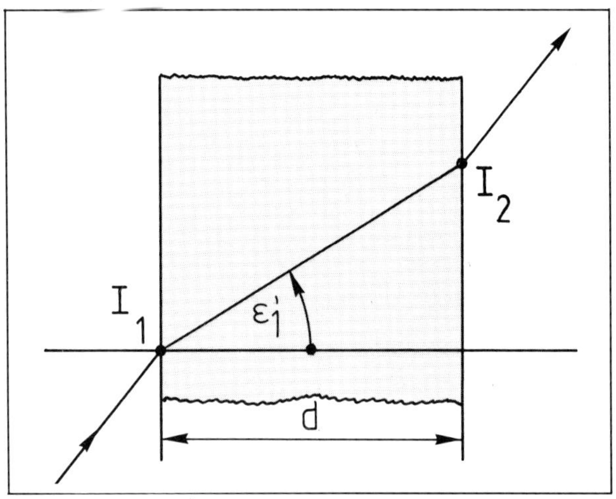

Abb. 1.3 Skizze zu Beispiel 2.

Beispiel 2 (Abb. 1.3): Der Weg $s = \overline{I_1 I_2}$ eines Lichtstrahls in einer 4 cm dicken planparallelen Platte beträgt 4,6 cm. Wie groß ist der Brechungswinkel ε'_1?

Lösung:

$$\cos\varepsilon'_1 = \frac{d}{s} = \frac{4\,\text{cm}}{4{,}6\,\text{cm}} = 0{,}8696$$

inv cos 0,8696 = 29,59° und damit aufgerundet $\underline{\varepsilon'_1 = 30°}$.

Im rechtwinkligen Dreieck, dessen Hypotenuse den Zahlenwert 1 hat (Abb. 1.4), hat die Gegenkathete des Winkels α den Zahlenwert $\sin\alpha$, die Ankathete den Zahlenwert $\cos\alpha$. Daraus ergibt sich mit $\tan\alpha$ = BC/AB als Beziehung zwischen $\tan\alpha$, $\sin\alpha$ und $\cos\alpha$:

$$\boxed{\tan\alpha = \frac{\sin\alpha}{\cos\alpha}} \qquad (1.4)$$

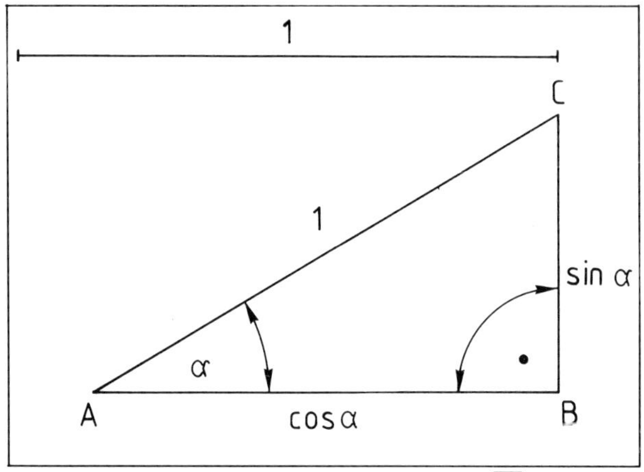

Abb. 1.4 Rechtwinkliges Dreieck mit Hypotenuse $\overline{AC} = 1$.

1.1.2 Die Winkelfunktionen im Einheitskreis

In einem x, y-Achsenkreuz (Abb. 1.5) mit waagerechter x- und senkrechter y-Achse zeigt der positive Teil der x-Achse nach rechts, der positive Teil

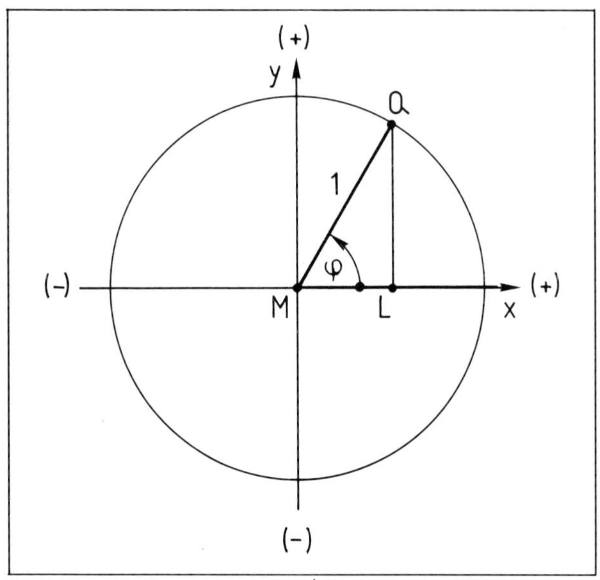

Abb. 1.5 Im Einheitskreis gilt im Winkelbereich 0 – 90° in Übereinstimmung mit der Festlegung im rechtwinkligen Dreieck: $\sin\varphi = \overline{LQ}$ und $\cos\varphi = \overline{ML}$.

der y-Achse nach oben. Als **Einheitskreis** wird ein Kreis mit dem Radius 1 bezeichnet.

Beim Dreieck ABC von Abb. 1.4, dessen Hypotenuse den Zahlenwert 1 hat, bewegt sich C bei Veränderung von α auf dem Einheitskreis um A. Damit ergibt sich eine Möglichkeit, die Winkelfunktionen für beliebige Winkel φ des Vollkreises festzulegen:

Der Mittelpunkt M des Einheitskreises wird in den Schnittpunkt eines x, y-Achsenkreuzes gelegt. Wie beim Tabo-Gradbogenschema zählt φ von der positiven x-Achse aus (im Gegenuhrzeigersinn positiv, im Uhrzeigersinn negativ). Der Schnittpunkt des zweiten Schenkels von φ mit dem Einheitskreis ist der Punkt Q; der Fußpunkt des Lotes von Q auf die x-Achse der Punkt L. Für φ zwischen 0 - 90° sind die gerichteten Strecken ML und LQ positiv[1]. Damit besteht in diesem Winkelbereich Übereinstimmung mit $\overline{ML}$ und $\overline{LQ}$. Entsprechend Abb. 1.5 gilt damit für 0 - 90° in Übereinstimmung mit den Festlegungen im rechtwinkligen Dreieck:

$$\sin\varphi = LQ \qquad (1.5)$$

$$\cos\varphi = ML \qquad (1.6)$$

Mit (1.5) und (1.6) können die Winkelfunktionen $\sin\varphi$ und $\cos\varphi$ über den Bereich 0 - 90° hinaus für beliebige Winkel φ festgelegt werden. So ergibt sich zum Beispiel für $\varphi = 120°$ (Abb. 1.6):

$\sin 120° = LQ = +0{,}87$
$\cos 120° = ML = -0{,}50.$

Für $\tan\varphi$ soll die Beziehung (1.4) allgemein gelten:

$$\tan\varphi = \frac{\sin\varphi}{\cos\varphi}$$

Beispiel: $\tan 120° = \sin 120°/\cos 120°$
$\tan 120° = 0{,}87/(-0{,}50) = \underline{-1{,}74.}$

[1] DIN 1335: „Bei der Festlegung einer Strecke durch Angabe ihrer Endpunkte, zum Beispiel mit A und B, bedeutet: AB (Sprechweise Strecke von A nach B) die von A nach B gemessene Strecke, die durch Festlegung der Lichtrichtung ein bestimmtes Vorzeichen bekommt. Es gilt AB = −BA".
Im vorliegenden Fall der x, y-Ebene liegt die Lichtrichtung senkrecht zur Fläche und kann deshalb nicht zur Festlegung des Vorzeichens herangezogen werden. Statt dessen gelten jetzt die oben angegebenen Vorzeichenregeln des x, y-Achsenkreuzes.

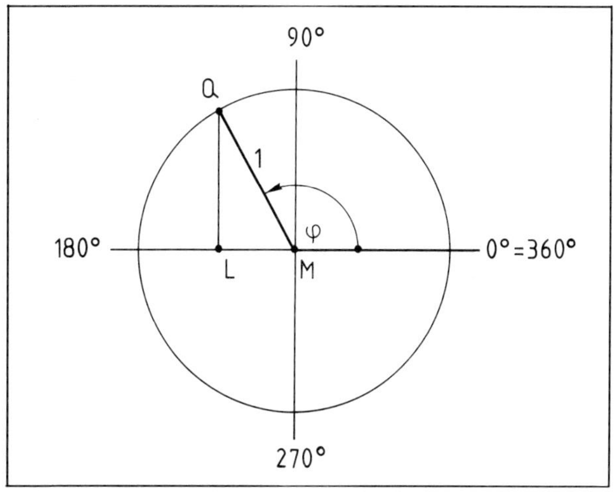

Abb. 1.6 Festlegung von $\sin\varphi$ und $\cos\varphi$ im Einheitskreis für beliebige Winkel φ: $\sin\varphi = LQ$, $\cos\varphi = ML$.

In Tab. 1 sind die Werte der drei Winkelfunktionen, wie sie sich mit den Festlegungen (1.4) bis (1.6) ergeben, von −90° bis +360° in 30°-Abständen aufgelistet. In Abb. 1.7 sind die zugehörigen Kurven (Graphen) der Funktionen gezeichnet. An den Stellen, wo $\cos\varphi$ den Wert Null durchläuft, übertrifft $\tan\varphi$ jede endliche Zahl ($\tan\varphi = \infty$). Dabei ergeben sich aufgrund des Vorzeichenwechsels von cos beidseits der ∞-Stelle unterschiedliche Vorzeichen von $\tan\varphi$, so daß hier $\tan\varphi$ von $+\infty$ nach $-\infty$ springt.

φ	$\sin\varphi$	$\cos\varphi$	$\tan\varphi$
−90°	−1,0000	0,0000	∞
−60°	−0,8660	+0,5000	−1,7320
−30°	−0,5000	+0,8660	−0,5774
0°	0,0000	+1,0000	0,0000
+30°	+0,5000	+0,8660	+0,5774
+60°	+0,8660	+0,5000	+1,7320
+90°	+1,0000	0,0000	∞
+120°	+0,8660	−0,5000	−1,7320
+150°	+0,5000	−0,8660	−0,5774
+180°	0,0000	−1,0000	0,0000
+210°	−0,5000	−0,8660	+0,5774
+240°	−0,8660	−0,5000	+1,7320
+270°	−1,0000	0,0000	∞
+300°	−0,8660	+0,5000	−1,7320
+330°	−0,5000	+0,8660	−0,5774
+360°	0,0000	+1,0000	0,0000

Tab. 1.1 Werte der Winkelfunktionen $\sin\varphi$, $\cos\varphi$ und $\tan\varphi$ im Winkelbereich −90° bis +360°.

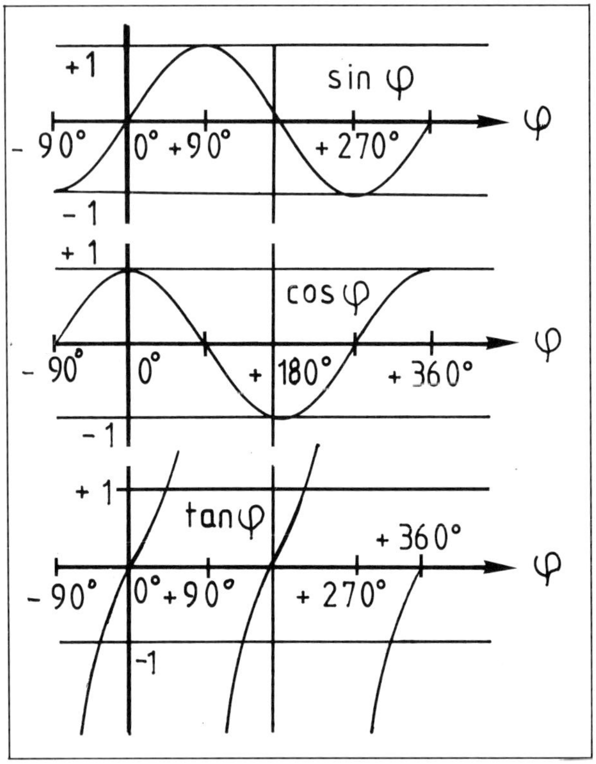

Abb. 1.7 Graphen der Winkelfunktionen sin φ, cos φ, tan φ im Winkelbereich −90° bis +360°.

Die Sinus- und die Kosinusfunktion wiederholen sich jeweils nach 360°, die Tangensfunktion schon nach 180°.
Bei der Sinus- und der Kosinusfunktion sind nach 180° die Funktionswerte bis auf das Vorzeichen gleich:

Zum Beispiel gilt

$\sin 30° = +0{,}5000$ $\sin 210° = -0{,}5000$
$\cos 30° = +0{,}8660$ $\cos 210° = -0{,}8660$.

1.1.3 Dreieckssätze

In jedem Dreieck gilt der **Sinus-** und der **Kosinussatz.** Zusätzlich gilt im rechtwinkligen Dreieck der **Pythagoras.**

a) Pythagoras

Im rechtwinkligen Dreieck ist das Hypotenusenquadrat gleich der Summe der Kathetenquadrate (Pythagoras, Abb. 1.8):

$$\boxed{c^2 = a^2 + b^2} \tag{1.7}$$

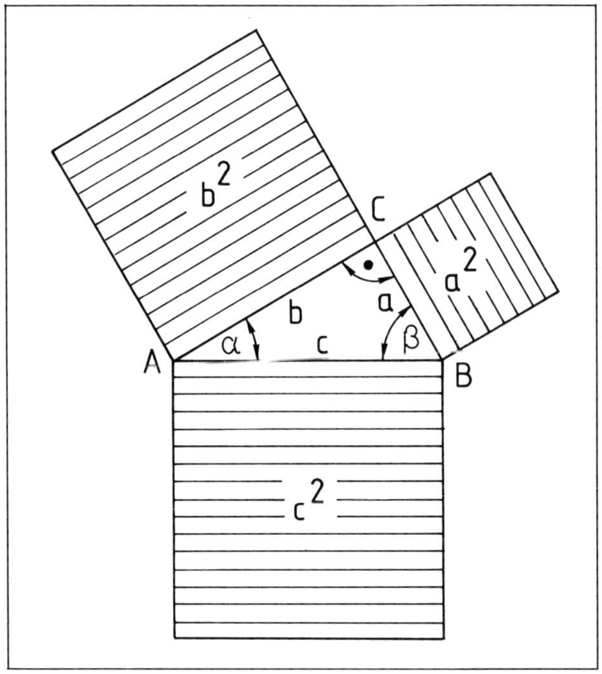

Abb. 1.8 Veranschaulichung des Pythagoras.

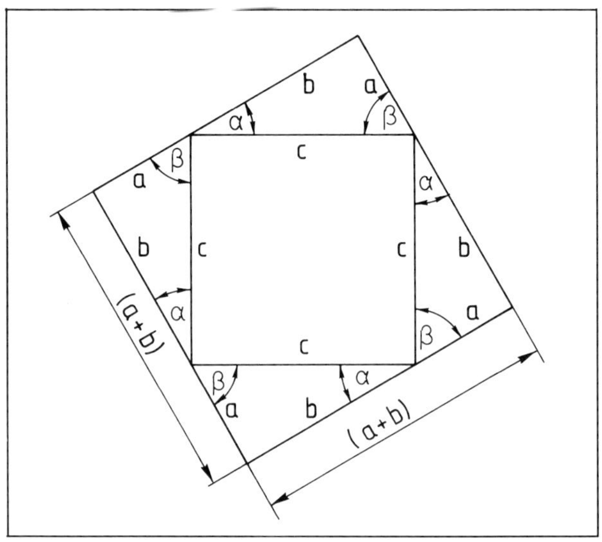

Abb. 1.9 Skizze zum Beweis des Pythagoras.

Beweis[1]: Wird entsprechend Abb. 1.9 an jeder Seite des Hypotenusenquadrates (c^2) das Dreieck ABC nochmals angesetzt, dann ergibt sich wegen der Winkelsumme im Dreieck ABC: $\alpha + \beta + 90° = 180°$ ein neues Quadrat mit der Seitenlänge $(a + b)$. Es setzt sich zusammen aus dem Hypotenusenquadrat c^2

[1] Krohn-Rattey, Mathematik für technische Berufe, Geometrie, Verlag Handwerk und Technik

und den vier Dreiecken ABC. Je zwei dieser Dreiecke bilden ein Rechteck mit dem Flächeninhalt a · b. Insgesamt ergibt sich so:

$$c^2 + 2ab = (a + b)^2$$
$$c^2 + 2ab = a^2 + 2ab + b^2$$
$$c^2 = a^2 + b^2$$

Beispiel 1: In einem rechtwinkligen Dreieck ist die Hypotenuse 5 cm lang, die eine Kathete 4 cm. Wie lang ist die andere Kathete?
Lösung:

$$b^2 = c^2 - a^2 = 5^2 - 4^2 = 9$$
$$\underline{b = 3\,\text{cm}}$$

b) Kosinussatz
In jedem Dreieck gilt für das Quadrat einer beliebigen Seite c:

$$\boxed{c^2 = a^2 + b^2 - 2ab \cdot \cos\gamma} \qquad (1.8)$$

wobei a und b die beiden anderen Seiten sind und γ der c gegenüberliegende Winkel.

Beweis: (Abb. 1.10): Mit der Höhe h, die auf $b = \overline{AC}$ senkrecht steht, und den Teilstücken q und (b − q) der Seite b ergibt sich mit dem Pythagoras:

$$c^2 = h^2 + (b - q)^2 \text{ und}$$
$$a^2 = h^2 + q^2, \text{ so daß}$$
$$h^2 = a^2 - q^2 \text{ und}$$
$$c^2 = a^2 - q^2 + (b - q)^2$$
$$c^2 = a^2 - q^2 + b^2 - 2bq + q^2$$
$$c^2 = a^2 + b^2 - 2bq$$

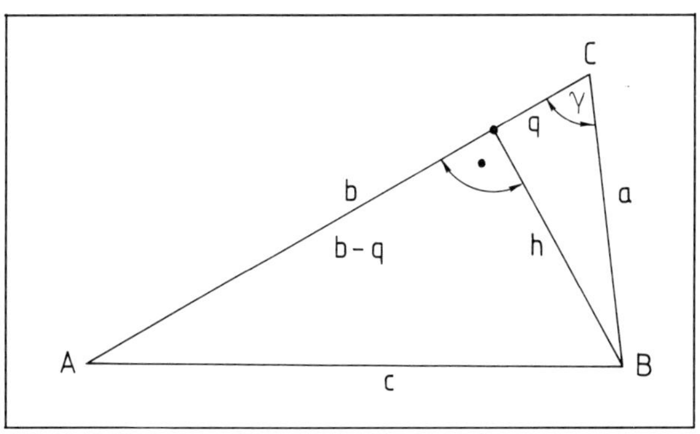

Abb. 1.10 Skizze zum Beweis des Kosinussatzes.

Aus $\cos\gamma = \frac{q}{a}$ folgt $q = a \cdot \cos\gamma$ und damit

$$c^2 = a^2 + b^2 - 2ab \cdot \cos\gamma$$

Beispiel 2 (Abb. 1.10): Ein Dreieck hat die Seiten a = 3,3 cm, b = 6,5 cm, c = 6,0 cm. Wie groß ist der der Seite c gegenüberliegende Winkel γ?
Lösung:

$$2\,ab \cdot \cos\gamma = a^2 + b^2 - c^2$$

$$\cos\gamma = \frac{a^2 + b^2 - c^2}{2ab}$$

$$\cos\gamma = \frac{3{,}3^2 + 6{,}5^2 - 6{,}0^2}{2 \cdot 3{,}3 \cdot 6{,}5}$$

$$\cos\gamma = 0{,}3995$$

$$\underline{\gamma = 66{,}5°}$$

Für $\gamma = 90°$ ist c Hypotenuse eines rechtwinkligen Dreiecks, $\cos\gamma = 0$. Damit vereinfacht sich der Kosinussatz zum Pythagoras.

c) Sinussatz
In jedem Dreieck gilt, daß sich zwei Seiten wie die Sinusse der gegenüberliegenden Winkel verhalten, zum Beispiel (Abb. 1.11)

$$\boxed{\frac{a}{c} = \frac{\sin\alpha}{\sin\gamma}} \qquad (1.9)$$

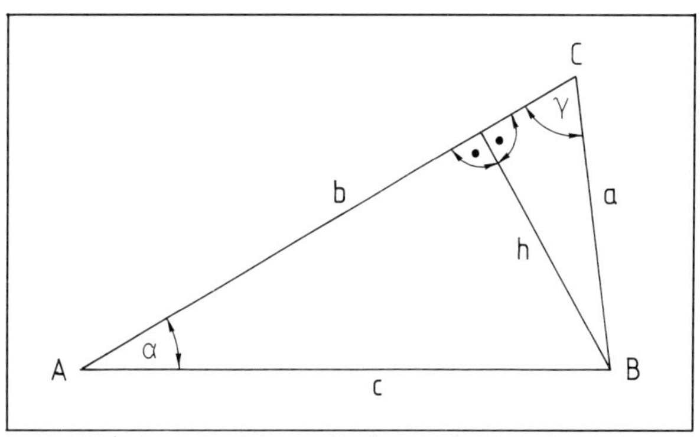

Abb. 1.11 Skizze zum Beweis des Sinussatzes.

Beweis: Für die Höhe h, die auf b senkrecht steht, ergibt sich:

$h = a \cdot \sin\gamma$ und
$h = c \cdot \sin\alpha$. Damit ist
$a \cdot \sin\gamma = c \cdot \sin\alpha$

$$\frac{a}{c} = \frac{\sin\alpha}{\sin\gamma}$$

Beispiel 3: Wie groß ist im Dreieck von Beispiel 2 der Winkel β?
Lösung:

$$\frac{\sin\beta}{\sin\gamma} = \frac{b}{c}$$

$$\sin\beta = \frac{b \cdot \sin\gamma}{c}$$

$$\sin\beta = \frac{6{,}5\,\text{cm} \cdot \sin 66{,}5°}{6{,}0\,\text{cm}}$$

$$\sin\beta = 0{,}9935$$

$$\underline{\beta = 83{,}5°}$$

1.1.4 Bogenmaß und Kleinwinkelnäherung von Sinus und Tangens

Ein Winkel φ kann statt im Gradmaß (Vollkreis = 360°) auch im **Bogenmaß** $\widehat{\varphi}$ gemessen werden. $\widehat{\varphi}$ ist die Länge des zugehörigen Kreisbogens $\widehat{TQ}$ auf dem Einheitskreis (Abb. 1.12). Die Einheit des Bogenmaßes heißt Radiant (abgekürzt rad oder RAD).
Da für den Umfang U des Kreises mit Radius r gilt: $U = 2\pi r$, ergibt sich für den Umfang des Einheitskreises $U = 2\pi$. Damit hat der Winkel des Vollkreises 360° das Bogenmaß 2π und der Umrechnungsfaktor vom Winkel- ins Bogenmaß ist $2\pi/360 = \pi/180$:

$$\boxed{\widehat{\varphi} = \frac{\pi}{180} \cdot \varphi} \qquad (1.10a)$$

mit $\pi/180 = 0{,}0175$

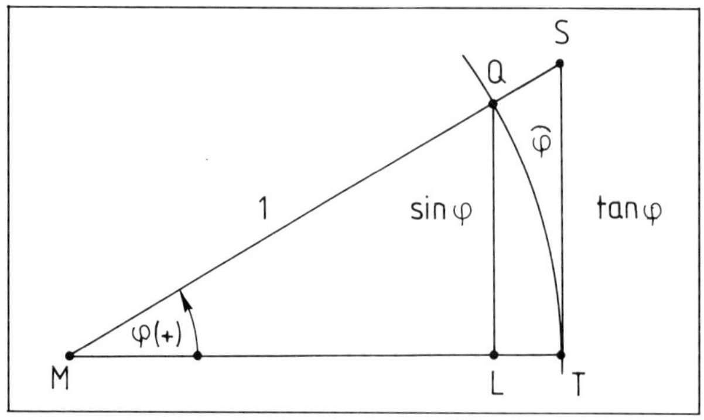

Abb. 1.12 Festlegung des Bogenmaßes $\widehat{\varphi}$ im Einheitskreis und Vergleich mit $\sin\varphi$ und $\tan\varphi$.

$$\boxed{\widehat{\varphi} = 0{,}0175 \cdot \varphi} \qquad (1.10b)$$

Zum Beispiel gilt für $\varphi = 2°$ $\qquad \widehat{\varphi} = 0{,}0350$ rad.

Im Einheitskreis (Abb. 1.12) ist wegen $\overline{MQ} = 1$ $\overline{LQ} = \sin\varphi$ und wegen $\overline{MT} = 1$ $\overline{TS} = \tan\varphi$. Mit $\widehat{\varphi}$ = Kreisbogen $\widehat{TQ}$ ergibt sich unmittelbar aus Abb. 1.12, daß für kleine Winkel die Kleinwinkelnäherung gilt

$$\sin\varphi = \widehat{\varphi} \qquad (1.11)$$
$$\tan\varphi = \widehat{\varphi} \qquad (1.12)$$

mit (1.10b)

$$\sin\varphi = 0{,}0175 \cdot \varphi \qquad (1.13)$$
$$\tan\varphi = 0{,}0175 \cdot \varphi \qquad (1.14)$$

Das Verhältnis zweier Sinus- oder Tangenswerte kann mit dem Umrechnungsfaktor 0,0175 gekürzt werden und es gilt näherungsweise für zwei kleine Winkel α, β.

$$\boxed{\frac{\sin\alpha}{\sin\beta} = \frac{\tan\alpha}{\tan\beta} = \frac{\alpha}{\beta}} \qquad (1.15)$$

Das heißt: **Für kleine Winkel α, β ist das Verhältnis der Sinus- oder Tangenswerte näherungsweise gleich dem Verhältnis der Winkel.** So gilt zum Beispiel für $\alpha = 10°$, $\beta = 5°$ näherungsweise:

$$\frac{\sin 10°}{\sin 5°} = \frac{\tan 10°}{\tan 5°} = \frac{10°}{5°} = 2$$

exakt:

$\frac{\sin 10°}{\sin 5°} = 1{,}99 \qquad \frac{\tan 10°}{\tan 5°} = 2{,}02$

Computer rechnen nur mit dem Bogenmaß. Taschenrechner können wahlweise auf Gradmaß (Degree = DEG) oder Bogenmaß (Radiant = RAD) eingestellt werden. Zum Beispiel ergibt sich in der RAD-Einstellung: $\sin(-\pi/2) = -1$ entsprechend $\sin -90° = -1$.

1.2 Vektorrechnung

1.2.1 Darstellung eines Vektors

Eine gerichtete Größe, zum Beispiel eine Kraft $\vec{F}$, hat einen bestimmten **Betrag** F und eine bestimmte **Richtung.** Gerichtete Größen heißen auch **Vektoren.** Dargestellt wird der Vektor $\vec{F}$ durch einen Pfeil. Der Pfeil zeigt in Richtung des Vektors; die Pfeillänge wird durch den Betrag F bestimmt. **Dabei ist F immer eine positive Größe.** Der Richtungswinkel wird in der Augenoptik mit Hilfe des Tabo-Gradbogenschemas (AO 3.8.5) angegeben. Zum Beispiel ist die prismatische Wirkung $\vec{P}$ eine gerichtete Größe. Ihre Richtung wird durch die Basislage B angegeben. So wird $\vec{P}$ = 15 cm/m B 60° durch einen Pfeil in 60°-Richtung dargestellt, wobei in einem beliebig gewählten Maßstab die Pfeillänge gleich dem Betrag P = 15 cm/m ist.

1.2.2 Horizontal- und Vertikalkomponente

Die Anteile **(Komponenten)** F_x und F_y eines Vektors $\vec{F}$ in horizontaler (x-) und vertikaler (y-)Richtung sind entsprechend Abb. 1.13 festgelegt:

$$F_y = L^*Q^* \qquad (1.16)$$
$$F_x = ML^* \qquad (1.17)$$

Aus Abb. 1.13 ergibt sich für den Winkelbereich 0°–90°

$\sin\varphi = \frac{F_y}{F} \qquad \cos\varphi = \frac{F_x}{F}$ und damit

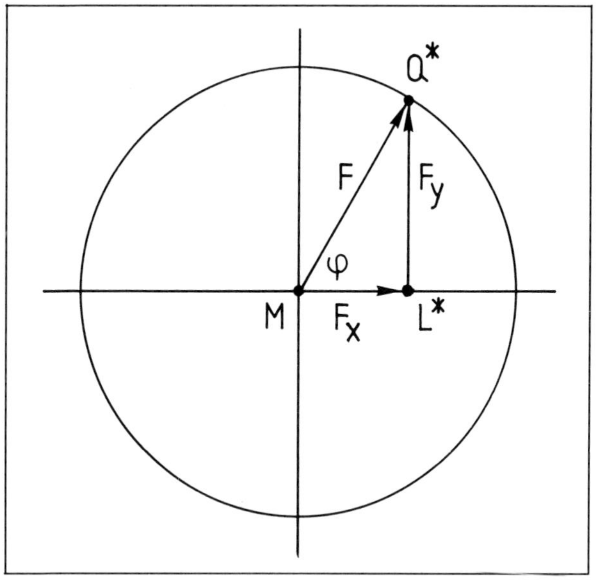

Abb. 1.13 Vertikale Komponente F_y und horizontale Komponente F_x des Vektors $\vec{F}$.

$$F_y = F \cdot \sin\varphi \qquad (1.18)$$
$$F_x = F \cdot \cos\varphi \qquad (1.19)$$

F_y und F_x werden in der gleichen Weise wie die Winkelfunktionen Sinus und Kosinus mit Vorzeichen versehen:

F_y nach oben positiv, nach unten negativ; F_x nach rechts positiv, nach links negativ.

Damit sind F_y und F_x in einem Kreis mit Radius F genauso festgelegt wie die Winkelfunktionen Sinus und Kosinus im Einheitskreis mit Radius 1 (Abb. 1.14). Deshalb sind F_y und F_x immer bis auf den Faktor F gleich $\sin\varphi$ und $\cos\varphi$ und die Beziehungen (1.18) und (1.19) gelten nicht nur im Winkelbereich 0–90°, sondern für beliebige Winkel φ.

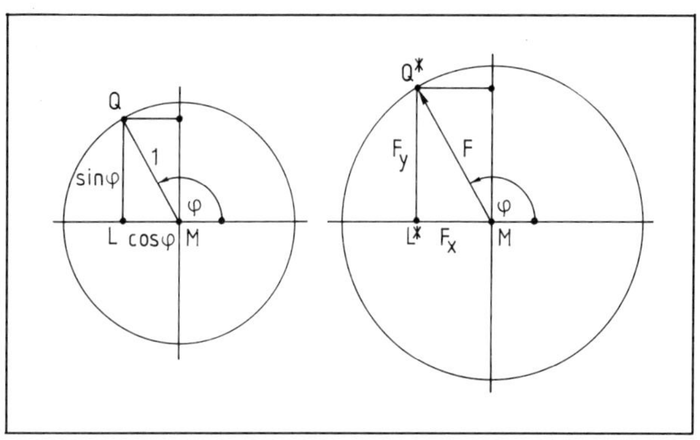

Abb. 1.14 Gegenüberstellung der Winkelfunktionen $\sin\varphi$, $\cos\varphi$ im Einheitskreis und der Komponenten F_x, F_y des Vektors $\vec{F}$.

Beispiel 1 (Abb. 1.15): Welche vertikale und horizontale Komponente hat die prismatische Wirkung $\vec{P}$ = 15 cm/m B 210°?

Lösung:

P_y = (15 cm/m) · sin 210° = −7,5 cm/m

P_x = (15 cm/m) · cos 210° = −13,0 cm/m

Wegen der negativen Vorzeichen liegt P_y in 270°, P_x in 180°.

P_y = 7,5 cm/m B 270°

P_x = 13,0 cm/m B 180°

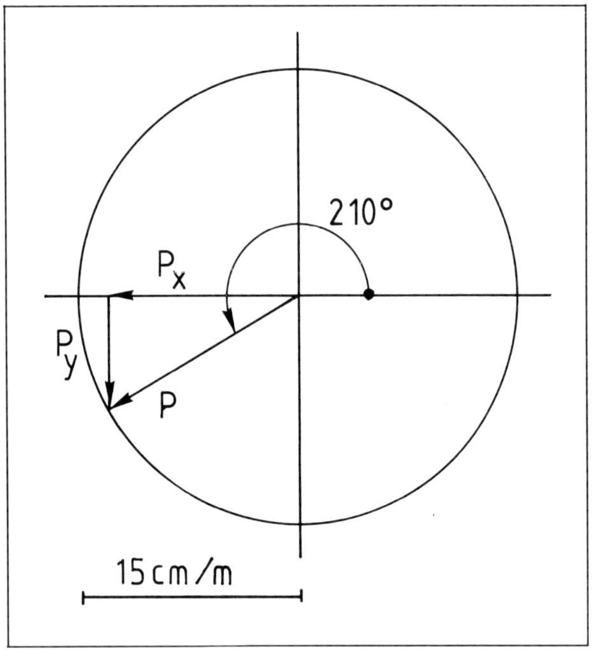

Abb. 1.15 Skizze zu Beispiel 1.

Umgekehrt können aus der vertikalen und horizontalen Komponente eines Vektors seine Richtung und sein Betrag bestimmt werden. Aus Abb. 1.13 ergibt sich für den Richtungswinkel φ:

$$\tan \varphi = \frac{F_y}{F_x} \qquad (1.20)$$

Anschließend kann der Betrag F mit einer der beiden Beziehungen (1.18) oder (1.19) bestimmt werden. Zum Beispiel ergibt sich mit (1.18):

$$F = \frac{F_y}{\sin \varphi} \qquad (1.21)$$

Beispiel 2 (Abb. 1.16): Welchen Betrag und welche Richtung hat die prismatische Wirkung, für deren vertikale und horizontale Komponente gilt: P_y = 10 cm/m B 270°, P_x = 5 cm/m B 0°?

Lösung: Bei der Rechnung müssen die Richtungen von P_y und P_x durch entsprechende Vorzeichen ausgedrückt werden: P_y = −10 cm/m P_x = +5 cm/m. Damit ergibt sich:

$\tan \beta = P_y/P_x = -10/5 = -2{,}0$

β = inv tan −2,0 = −63,4°

$P = P_y/\sin \beta$ = (−10 cm/m)/sin(−63,4°) = 11,2 cm/m

Aus dem negativen Winkel wird durch Addition von 360° (einer vollen Umdrehung) der positive Winkel β = −63,4° + 360° = 296,6°, der dem Tabo-Gradbogenschema (positiver Winkelbereich 0 – 360°) entspricht.

Ergebnis:

$\vec{P}$ = 11,2 cm/m B 296,6°

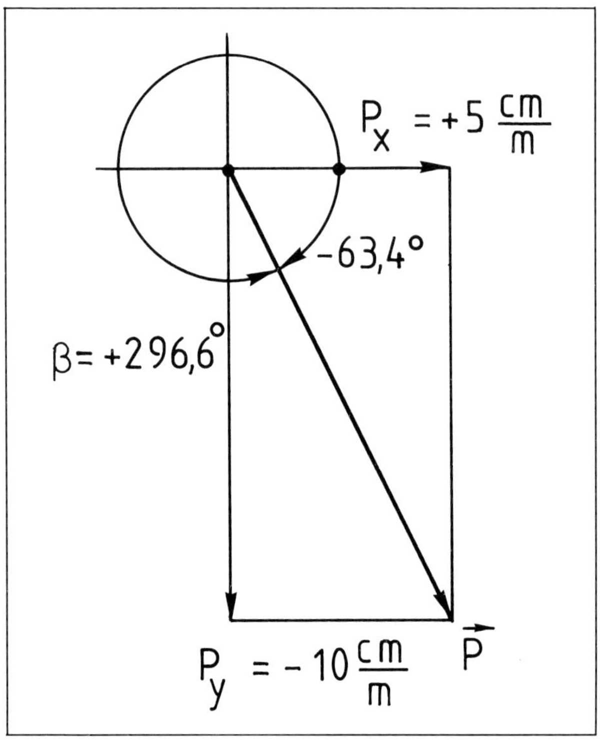

Abb. 1.16 Skizze zu Beispiel 2.

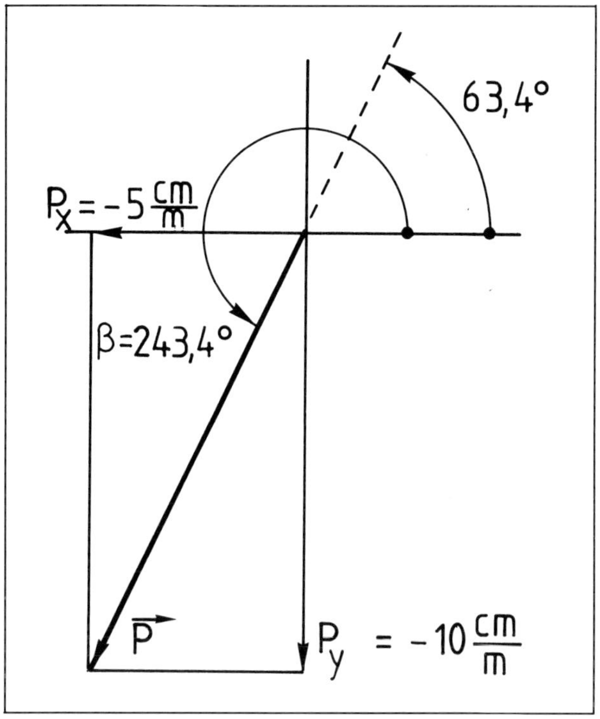

Abb. 1.17 Skizze zu Beispiel 3.

Beispiel 3: (Abb. 1.17): Welchen Betrag und welche Richtung hat die prismatische Wirkung, für deren vertikale und horizonale Komponente gilt:

$P_y = 10$ cm/m B 270°, $P_x = 5$ cm/m B 180°?

Lösung:

$P_y = -10$ cm/m $\qquad P_x = -5$ cm/m

$\tan\beta = P_y/P_x = -10/-5 = +2{,}0$

$\beta = \text{inv}\tan +2{,}0 = +63{,}4°$

$P = P_y/\sin\beta = (-10 \text{ cm/m})/\sin 63{,}4° = -11{,}2$ cm/m

Das heißt: $\vec{P} = -11{,}2$ cm/m B 63,4°

Aus Abb. 1.17 ergibt sich, daß die tatsächliche Richtung von $\vec{P}$ entgegengesetzt zur berechneten liegt. Es hat sich nicht $\vec{P}$, sondern $-\vec{P}$ ergeben, worauf der negative Betrag P hinweist. Es müssen zum berechneten Richtungswinkel noch 180° addiert werden: $\beta = 63{,}4° + 180° = 243{,}4°$. Für diesen Winkel ergibt sich dann auch ein positives P:

$P = -10/\sin 243{,}4° = +\ 11{,}2.$

Ergebnis: $\vec{P} = 11{,}2$ cm/m B 243,4° in Übereinstimmung mit Abb. 1.17.

Damit ist zu beachten:

Immer, wenn sich ein negativer Betrag ergibt, muß der zunächst berechnete Richtungswinkel um 180° vergrößert werden. Der Betrag wird dann automatisch positiv und braucht nicht noch einmal neu berechnet zu werden.

Dieser Fall kann deswegen eintreten, weil die gerichtete Strecke im ganzen Tabo-Bereich 0 – 360° liegen kann, aber der Taschenrechner mit inv tan nur Winkel zwischen −90° und +90° angibt. In diesem Winkelbereich ist die Tangensfunktion entsprechend Abb. 1.7 eindeutig, das heißt, es gehört nicht nur zu einem bestimmten Winkel ein bestimmter Tangenswert, sondern auch umgekehrt zu jedem Tangenswert ein bestimmter Winkel.

Ist eine der Komponenten F_x oder F_y Null, dann versagt der Taschenrechner bei den Formeln (1.20) und (1.21). In diesem Fall ist $\vec{F}$ gleich der von Null verschiedenen Komponenten. Dabei muß das Vorzeichen beachtet werden. So ergibt sich zum Beispiel aus $P_x = -3{,}0$ cm/m und $P_y = 0$ als prismatische Gesamtwirkung $\vec{P} = 3{,}0$ cm/m B 180°.

Zusammenfassung: Die vertikale und die horizontale Komponente F_y und F_x eines Vektors $\vec{F}$ ergeben sich aus dem Betrag F und dem Richtungswinkel φ mit den Formeln (1.18) und (1.19).

Umgekehrt können aus der vertikalen und der horizontalen Komponente F_y und F_x mit den Formeln (1.20) und (1.21) Richtungswinkel φ und Betrag F des zugehörigen Vektors $\vec{F}$ berechnet werden. Ergibt sich dabei ein negativer Betrag, dann ist statt $\vec{F}$ der entgegengerichtete Vektor $-\vec{F}$ berechnet worden. In diesem Fall müssen zu φ noch 180° addiert werden.

Ein negativer Richtungswinkel φ kann durch Addition von 360° in einen Winkel des Tabo-Gradbogenschemas umgerechnet werden.

1.2.3 Vektoraddition

Bei der Addition gerichteter Größen muß ihre unterschiedliche Richtung berücksichtigt werden. Wenn zum Beispiel ein Lichtstrahl durch zwei gleich starke Prismen zunächst in 0°-Richtung, anschließend in 90°-Richtung abgelenkt wird, dann wird er entsprechend Abb. 1.18 insgesamt in 45°-Richtung abgelenkt. Die Stärke der 45°-Ablenkung ist dabei nicht die arithmetische (zahlenmäßige) Summe der 0°- und der 90°-Ablenkung. Zum Beispiel ergibt sich für $P_1 = P_2 = 10$ cm/m (Abb. 1.18) als Gesamtablenkung P nicht 20 cm/m, sondern nur 14 cm/m.

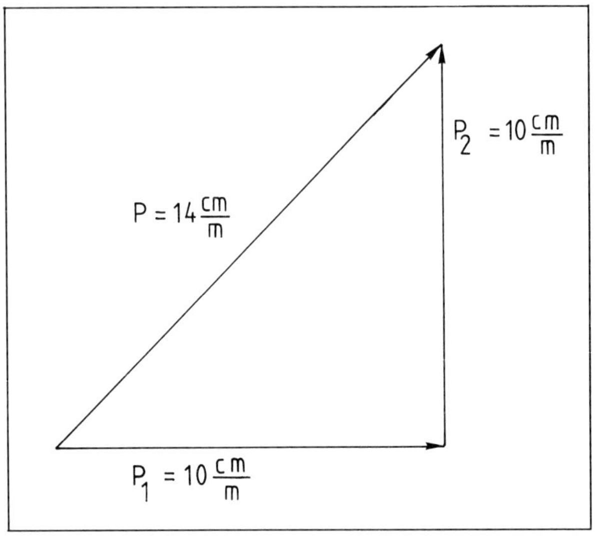

Abb. 1.18 Vektorielle Zusammensetzung zweier gleich starker prismatischer Ablenkungen in 0° und 90° zu einer Gesamtablenkung in 45°.

Allgemein ergibt sich als Summenwirkung zweier gerichteter Größen $\vec{F}_1$, $\vec{F}_2$ (Abb. 1.19) eine Wirkung $\vec{F}$ die dem Pfeil entspricht, der sich durch Aneinanderreihen der beiden Einzelpfeile $\vec{F}_1$, $\vec{F}_2$ ergibt. Der Pfeil $\vec{F}$ = MQ vom Anfangspunkt M des ersten zum Endpunkt Q des zweiten Pfeils ist der gesuchte Summenpfeil $\vec{F} = \vec{F}_1 + \vec{F}_2$.

Die Reihenfolge ist dabei beliebig (Abb. 1.20); das heißt: es kann an $\vec{F}_1$ $\vec{F}_2$ angesetzt werden oder an $\vec{F}_2$ $\vec{F}_1$ (im Beispiel der prismatischen Ablenkung; es ist gleichgültig, ob das Licht erst in 0° und dann in 90° oder erst in 90° und dann in 0° abgelenkt wird).

Außerdem ergibt sich aus Abb. 1.20: statt die Pfeile $\vec{F}_1$ und $\vec{F}_2$ hintereinander anzuordnen, können sie auch von einem gemeinsamen Anfangspunkt M aus abgetragen werden (Abb. 1.21). Die beiden Pfeile werden dann durch Parallelverschiebung zu einem Parallelogramm ergänzt. Die Diagonale, die vom gemeinsamen Anfangspunkt M ausgeht, ist der Summenpfeil $\vec{F}$. So ergeben zum Beispiel Teilkräfte, die in verschiedenen Richtungen wirken, eine Gesamtkraft, die die Diagonale des **Parallelogramms der Kräfte** ist. Allgemein gilt:

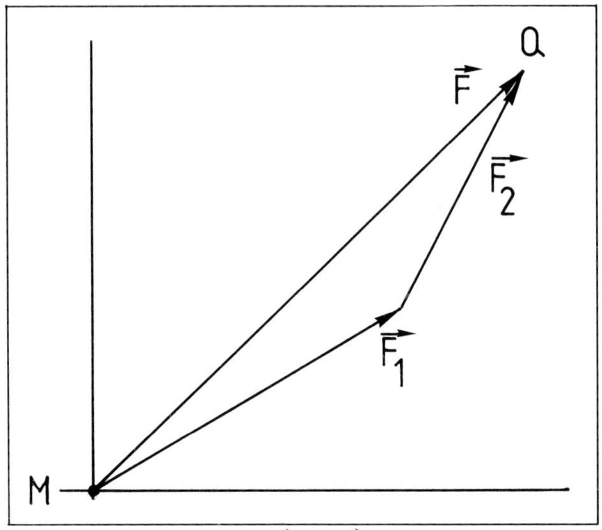

Abb. 1.19 Vektoraddition von $\vec{F}_1$ und $\vec{F}_2$.

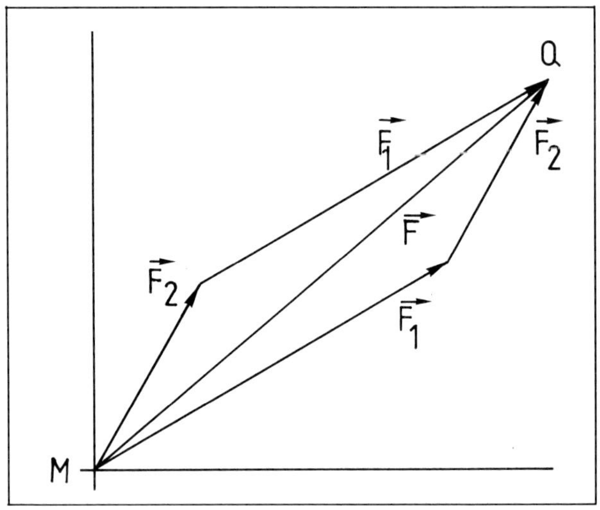

Abb. 1.20 Die Addition zweier Vektoren ist unabhängig von der Reihenfolge: $\vec{F}_1 + \vec{F}_2 = \vec{F}_2 + \vec{F}_1$.

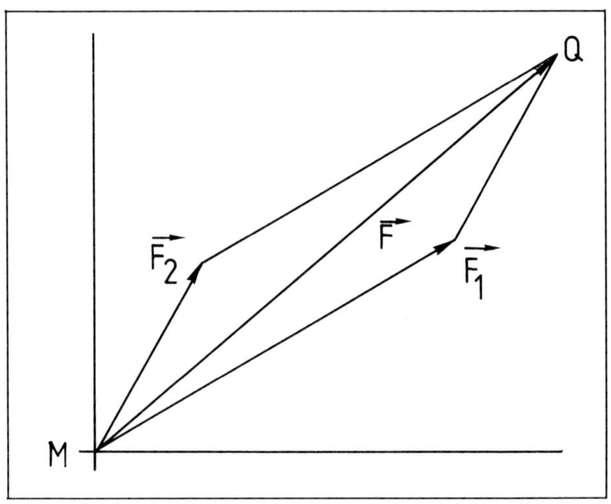

Abb. 1.21 Parallelogramm der Kräfte.

Vektoren werden mit Hilfe des Parallelogramms der Kräfte addiert.

Aus Abb. 1.22 ergibt sich, daß F_y die Summe von F_{1y} und F_{2y} ist. Entsprechendes gilt für F_x. Das heißt, für die Komponenten des Summenvektors $\vec{F} = \vec{F}_1 + \vec{F}_2$ gilt:

$$F_y = F_{1y} + F_{2y} \quad (1.22)$$

$$F_x = F_{1x} + F_{2x} \quad (1.23)$$

Diese Beziehungen gelten wieder allgemein, nicht nur im Winkelbereich 0–90°. Es muß allerdings immer die einzelne Komponente mit Vorzeichen eingesetzt werden.

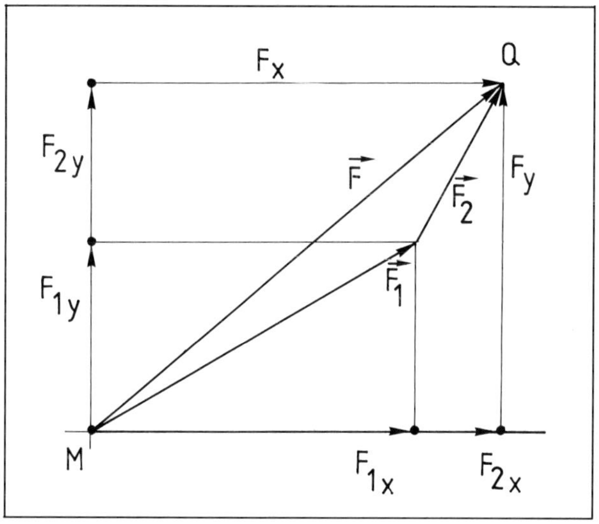

Abb. 1.22 Bei der Vektoraddition addieren sich die Vektorkomponenten.

Bei der Addition von Vektoren addieren sich unter Berücksichtigung der Vorzeichen die vertikalen Komponenten und ebenso die horizontalen Komponenten der einzelnen Vektoren.

Beispiel (Abb. 1.23): Zwei prismatische Wirkungen $\vec{P}_1, \vec{P}_2$ haben die vertikalen und horizontalen Komponenten:

P_{1y} = 10 cm/m B 90° $\quad$ P_{1x} = 5 cm/m B 0°

P_{2y} = 5 cm/m B 270° $\quad$ P_{2x} = 10 cm/m B 180°

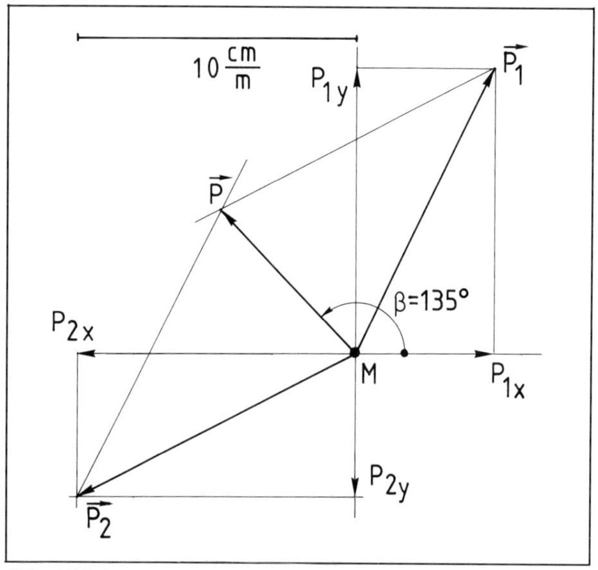

Abb. 1.23 Skizze zum Beispiel.

Welche prismatische Gesamtwirkung ergibt sich?

Lösung: Mit Vorzeichen gilt:

$P_{1y} = +10$ cm/m $\quad$ $P_{1x} = +5$ cm/m

$P_{2y} = -5$ cm/m $\quad$ $P_{2x} = -10$ cm/m

$P_y = +5$ cm/m $\quad$ $P_x = -5$ cm/m

$$\tan\beta = \frac{P_y}{P_x} = \frac{5 \text{ cm/m}}{-5 \text{ cm/m}} = -1$$

$$\beta = \text{inv} \tan -1 = -45°$$

$$P = \frac{P_y}{\sin\beta} = \frac{5 \text{ cm/m}}{\sin(-45°)} = -7{,}07 \text{ cm/m}$$

Wegen des negativen P müssen zu β noch 180° addiert werden. Damit ergibt sich:

$\vec{P}$ = 7,1 cm/m B 135°

In Abb. 1.23 hat sich das gleiche Ergebnis zeichnerisch mit Hilfe des Parallelogramms der Kräfte ergeben. Dazu wurden zunächst aus den Komponenten die beiden Einzelwirkungen $\vec{P}_1$ und $\vec{P}_2$ ermittelt.

2. Formelableitungen

2.1 Scheinbare Gegenstandsverschiebung Δa der planparallelen Platte (AO 3.7.2)

Es wird der Fall betrachtet, daß sich der Gegenstand G unmittelbar vor der Platte befindet und senkrecht zur Plattenoberfläche betrachtet wird (Abb. 2.1, Auge bei A). Der Gegenstand wird im Schnittpunkt G' der aus der Platte austretenden Strahlen gesehen (Öffnungswinkel der „gesehenen" Strahlen stark vergrößert gezeichnet). G erscheint um die Strecke Δa = GG' näher gerückt. Für Δa ergibt sich aus Abb. 2.1:

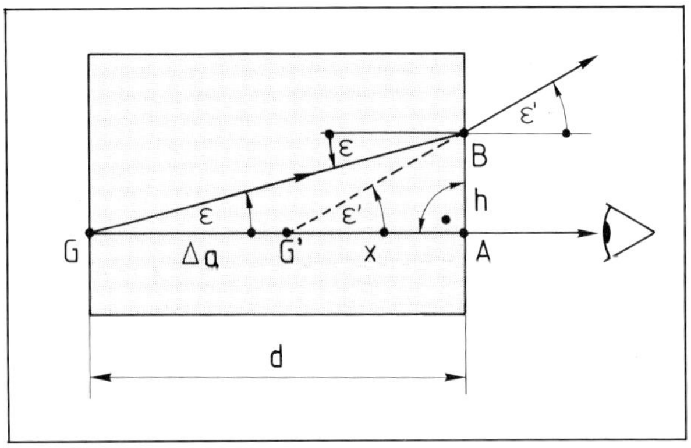

Abb. 2.1 Δa scheinbare Gegenstandsverschiebung durch eine planparallele Platte bei senkrechter Betrachtung des Gegenstandes G.

Δa = GG' ist die Differenz aus Plattendicke d und Strecke x = G'A:
$\Delta a = d - x$.

x ergibt sich aus Dreieck G'AB:

$$\tan \varepsilon' = \frac{h}{x} \qquad x = \frac{h}{\tan \varepsilon'}$$

h ergibt sich aus Dreieck GAB:

$$\tan \varepsilon = \frac{h}{d} \qquad h = d \cdot \tan \varepsilon$$

Damit gilt:

$$x = \frac{d \cdot \tan \varepsilon}{\tan \varepsilon'}$$

mit der Kleinwinkelnäherung (1.15)

$$x = \frac{d \cdot \sin \varepsilon}{\sin \varepsilon'}$$

mit dem Snelliusschen Brechungsgesetz

$$x = d \cdot \frac{n'}{n}$$

x eingesetzt in $\Delta a = d - x$ ergibt

$$\Delta a = d - d \cdot \frac{n'}{n} = d \cdot \left[1 - \frac{n'}{n}\right] = d \cdot \frac{n - n'}{n}$$

Dabei ist n' die Brechzahl n_U des Umgebungsmediums, n die Brechzahl n_P des Plattenmaterials, somit

$$\boxed{\Delta a = \frac{d}{n_P} \cdot \Delta n} \qquad (2.1)$$

mit $\Delta n = n_P - n_U$.

2.2 Beweis des paraxialen Zweikreisverfahrens (AO 4.1.4)

In Abb. 2.2 ist die Brechung eines beliebigen Lichtstrahls an einer Kugelfläche gezeichnet, wie sie sich mit dem paraxialen Zweikreisverfahren ergibt. Die Brechung erfolgt an der Scheitelebene durch S. Die Hilfs-„Kreise" um den Einfallspunkt I haben mit einer beliebigen Zahl m die „Radien" m · n und m · n' (das heißt, sie sind wie bei dem normalen Zweikreisverfah-

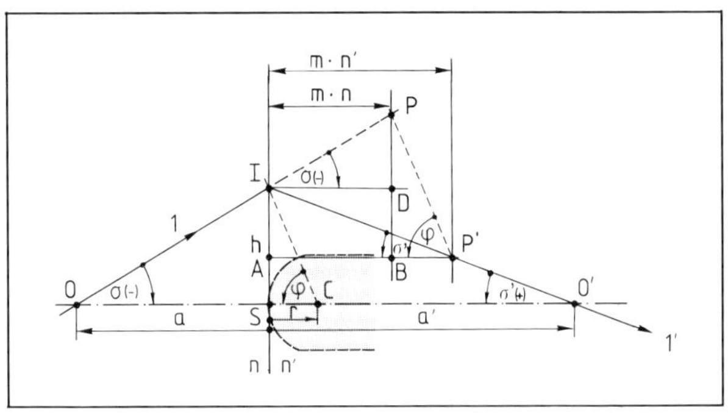

Abb. 2.2 Skizze zum paraxialen Zweikreisverfahren: Konstruktion der paraxialen Brechung eines beliebigen Lichtstrahls (σ, σ' Winkel, unter denen die Strahlen 1, 1' die optische Achse schneiden).

ren Vielfache der Brechzahlen vor und hinter der Fläche in cm). C ist der Krümmungsmittelpunkt, CI das Einfallslot im Einfallspunkt I und r der Krümmungsradius der Kugelfläche.
Die Richtigkeit des paraxialen Zweikreisverfahrens wird anhand einer paraxialen Abbildung überprüft. Dabei wird der Achsenschnittpunkt O des einfallenden Strahls als Dingpunkt benutzt. Wenn der gebrochene Strahl die richtige Richtung hat, muß er die optische Achse im Bildpunkt O' schneiden. Es muß daher gezeigt werden, daß zwischen den Achsenschnittpunkten O und O' des einfallenden und des gebrochenen Strahls die in Abschnitt AO 4.1.2 für Achsenpunkte abgeleitete Abbildungsformel AO 4.9 gilt:

$$\frac{n'}{a'} = \frac{n}{a} + \frac{n' - n}{r} \qquad (2.2)$$

Beweis: P ist der Schnittpunkt des einfallenden Strahls mit dem „Dingkreis" (m · n). Der Übergang PP' zum „Bildkreis" (m · n') erfolgt parallel zum Einfallslot CI. Mit AP' als Parallele zur optischen Achse tritt dann der Zentriwinkel φ nochmals bei P' auf. Außerdem ergibt sich σ' bei P' als Stufenwinkel an geschnittenen Parallelen. Entsprechend ergibt sich σ bei I.
In Abb. 2.2 ist die gerichtete Strecke h = SI positiv, ebenso a' = SO' und σ'; dagegen sind a = SO und σ negativ.
Die gerichtete Strecke BD setzt sich aus den gerichteten Strecken BP und PD zusammen, wobei PD negativ ist:

$$BD = BP + PD$$

Bei dem eigentlichen Beweis wird σ' durch σ und φ ausgedrückt. Aus Dreieck AP'I ergibt sich:

$$\tan\sigma' = \frac{AI}{AP'} \quad \text{wobei } AI = BD, \text{ so daß}$$

$$\tan\sigma' = \frac{BD}{AP'} = \frac{BP}{AP'} + \frac{PD}{AP'} \cdot \text{Mit}$$

$$\frac{BP}{BP'} = \tan\varphi \text{ ist } \quad BP = BP' \cdot \tan\varphi, \text{ mit}$$

$$\frac{PD}{ID} = \tan\sigma \text{ ist } \quad PD = ID \cdot \tan\sigma$$

$$\tan\sigma' = \frac{BP' \cdot \tan\varphi}{AP'} + \frac{ID \cdot \tan\sigma}{AP'}, \text{ wobei}$$

$$AP' = m \cdot n'$$
$$ID = m \cdot n$$
$$BP' = m \cdot (n' - n)$$

Damit gilt

$$\tan\sigma' = \frac{m \cdot (n' - n) \cdot \tan\varphi}{m \cdot n'} + \frac{m \cdot n \cdot \tan\sigma}{m \cdot n'}$$

Werden die Brüche auf der rechten Seite mit m gekürzt und beide Seiten der Gleichung mit n' multipliziert, dann ergibt sich bei umgekehrter Reihenfolge der Summanden der rechten Seite:

$$n' \cdot \tan\sigma' = n \cdot \tan\sigma + (n' - n) \cdot \tan\varphi. \text{ Mit}$$

$$\tan\sigma' = \frac{h}{a'} \qquad \tan\sigma = \frac{h}{a} \qquad \tan\varphi = \frac{h}{r}$$

folgt daraus nach beidseitiger Division durch h die Abbildungsformel (2.2)

$$\frac{n'}{a'} = \frac{n}{a} + \frac{n' - n}{r},$$

was zu beweisen war.
Da somit das paraxiale Zweikreisverfahren allgemein für die paraxiale Brechung gilt, können damit auch die Brennpunkte F' und $\bar{F}$ zeichnerisch ermittelt werden:
Ausgehend von einem Achsenparallelstrahl als einfallendem Strahl ergibt sich F' als Achsenschnittpunkt des gebrochenen Strahls; ausgehend von einem Achsenparallelstrahl als gebrochenem Strahl ergibt sich $\bar{F}$ als Achsenschnittpunkt des einfallenden Strahls.

2.3 Paraxiale Abbildungsformel der Kugelfläche für Dingpunkte außerhalb der optischen Achse (AO 4.1.7)

Für Achsenpunkte hatte sich in Abschnitt AO 4.1.2 die Abbildungsformel ergeben:

$$\frac{n'}{a'} = \frac{n}{a} + \frac{n' - n}{r} \qquad (2.2)$$

die mit

$$A' = \frac{n'}{a'} \qquad A = \frac{n}{a} \qquad D = \frac{n' - n}{r}$$

auch in der Vergenzform

$$A' = A + D \qquad (2.3)$$

geschrieben werden kann.

Im folgenden wird die Formel für Dingpunkte abgeleitet, die außerhalb der optischen Achse liegen. Dabei wird der Abbildungsmaßstab $\beta' = y'/y$ auf zwei verschiedene Arten berechnet und die beiden Ergebnisse verglichen.

1. Schritt: In Abschnitt AO 4.1.7 hatte sich aus der Brechung des Scheitelpunktstrahls ergeben:

$$\frac{y'}{y} = \frac{A}{A'} \qquad (2.4)$$

2. Schritt: Aus Abb. 2.3 ergibt sich y'/y mit dem Mittelpunktstrahl: Da der Strahl ungebrochen durch die

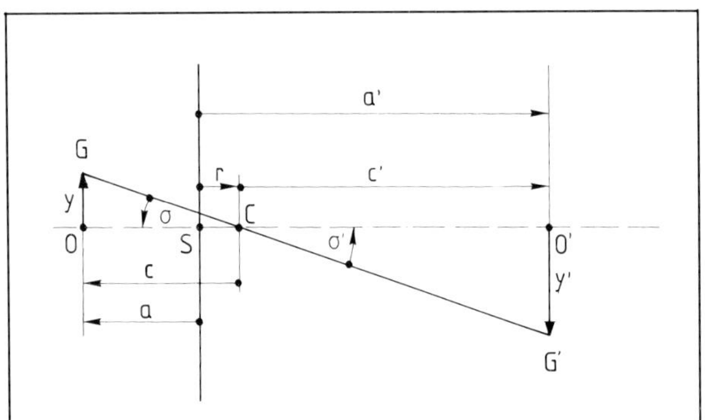

Abb. 2.3 Skizze zum Beweis der Abbildungsformel der Kugelfläche. Die gerichtete Strecke CS ist $-r$.

Kugelfläche hindurchgeht, verläuft er längs der geradlinigen Verbindung von Ding- und Bildpunkt GG'; der Achsenschnittpunkt ist der Krümmungsmittelpunkt C. Mit

$$c' = a' - r \quad \text{und} \qquad (2.5\,a)$$

$$c = a + (-r) = a - r \qquad (2.5\,b)$$

gilt für den positiven Winkel σ, den der Mittelpunktstrahl mit der optischen Achse bildet:

$$\tan\sigma = \frac{-y'}{a' - r} \quad \text{und} \quad \tan\sigma = \frac{y}{-(a - r)}$$

$$y' = -(a' - r) \cdot \tan\sigma \qquad y = -(a - r) \cdot \tan\sigma$$

$$\frac{y'}{y} = \frac{-(a' - r) \cdot \tan\sigma}{-(a - r) \cdot \tan\sigma} = \frac{a' - r}{a - r} \qquad (2.6)$$

3. Schritt: Durch Gleichsetzen der rechten Seiten von (2.4) und (2.6) ergibt sich:

$$\frac{A}{A'} = \frac{a' - r}{a - r}$$

$$A \cdot (a - r) = A' \cdot (a' - r)$$

$$A \cdot a - A \cdot r = A' \cdot a' - A' \cdot r$$

Wegen $A = n/a$ ist $A \cdot a = n$, und
wegen $A' = n'/a'$ ist $A' \cdot a' = n'$, so daß gilt:

$$n - A \cdot r = n' - A' \cdot r$$

Beidseits durch r geteilt

$$\frac{n}{r} - A = \frac{n'}{r} - A'$$

$$A' = A + \frac{n'}{r} - \frac{n}{r}$$

Damit hat sich wieder Abbildungsformel (2.3) ergeben:

$$\boxed{A' = A + D}$$

mit

$$\boxed{D = \frac{n' - n}{r}}$$

2.4 Gullstrandformel und Lage der Hauptebenen (AO 4.2.5)

Bei Berücksichtigung der Mittendicke d der Linse muß der Brechwert D der Abbildungsformel AO (4.33)

$$A' = A + D \qquad (2.7)$$

neu berechnet werden. Er ergibt sich aus der schrittweisen Berechnung des Brennpunktes F' als Bildpunkt des unendlich fernen Achsenpunktes: Zu diesem Dingpunkt wird zunächst das Zwischenbild berechnet, das die erste Linsenfläche davon erzeugt. Dieses Zwischenbild wird durch die zweite Fläche in F' abgebildet.

Aus der berechneten Lage von F' kann dann mit Hilfe der Abbildungsformel (2.7) der Brechwert D berechnet werden: mit $a = \infty$ wird die Dingvergenz $A = n/a$ Null. Damit ergibt sich aus (2.7)

$$D = A',$$

wobei die Bildvergenz

$$A' = \frac{n'}{a'} = \frac{n'}{f'},$$ so daß wie bei der dünnen Linse

$$D = \frac{n'}{f'} \text{ ist.} \qquad (2.8)$$

Zur Berechnung von F' muß von einem achsennahen Achsenparallelstrahl ausgegangen werden. Die Achsennähe wird berücksichtigt, indem der Strahl statt an den Linsenflächen an den Scheitelebenen gebrochen wird.

f' wird wie alle Bildweiten a' nicht vom Scheitelpunkt S' ($= S_2$), sondern vom Hauptpunkt H' aus gemessen (Abb. 2.4). H' ergibt sich aus dem Schnittpunkt I' des einfallenden mit dem gebrochenen Strahl. Die Lage

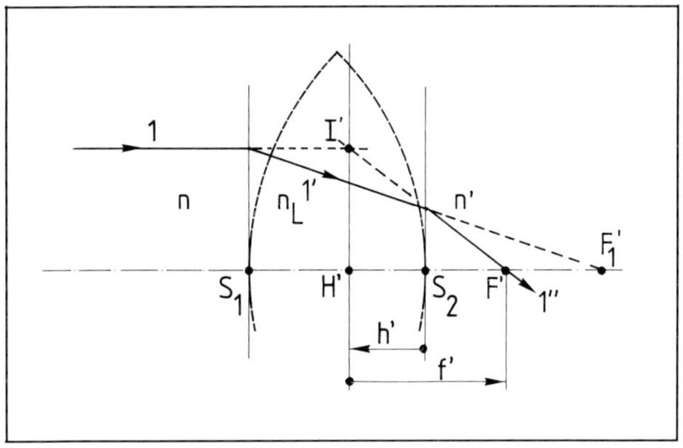

Abb. 2.4 Festlegung der Bildhauptebene H' und der Bildbrennweite f' der dicken Linse.

von H' wird gegenüber dem Scheitelpunkt S' festgelegt durch $h' = S'H'$.

2.4.1 Berechnung des Brechwertes (Gullstrandformel)

In Abb. 2.5 ist nochmals der Brennpunktstrahl 1'' von Abb. 2.4 mit seiner rückwärtigen Verlängerung bis zur Hauptebene H' dargestellt. Mit den Einfallshöhen h_1 und h_2 in der Hauptebene H' und der Scheitelebene S_2 ergibt sich für den positiven Winkel σ'', unter dem der Strahl die optische Achse schneidet:

$$\tan \sigma'' = \frac{h_1}{f'} \quad \text{und} \quad \tan \sigma'' = \frac{h_2}{a'_2}$$

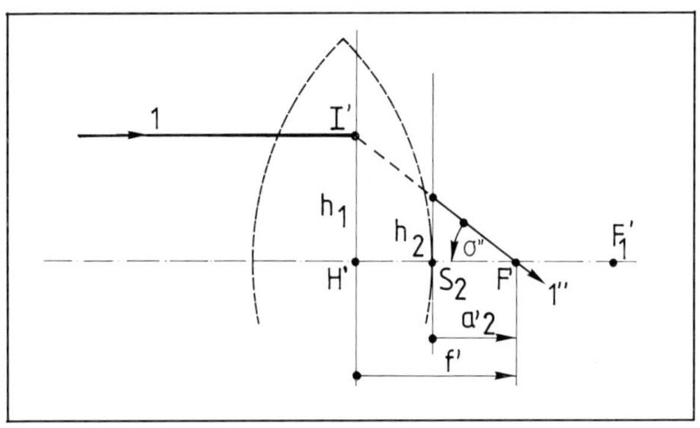

Abb. 2.5 Zur Ableitung der Gullstrandformel: Verlauf des zweimal gebrochenen Brennpunktstrahls 1'' von Abb. 2.4.

Dabei ist a'_2 die Bildweite des „Bildpunktes" F' bezüglich des Scheitelpunktes S_2. Damit gilt:

$$\frac{h_1}{f'} = \frac{h_2}{a'_2}$$ woraus sich mit (2.8)

$$D = \frac{n'}{f'} = \frac{n'}{h_1} \cdot \frac{h_1}{f'} = \frac{n' \cdot h_2}{h_1 \cdot a'_2}$$ ergibt und mit

$$\frac{n'}{a'_2} = \frac{n'_2}{a'_2} = A'_2$$ noch vereinfacht werden kann:

$$D = \frac{h_2}{h_1} \cdot A'_2 \qquad (2.9)$$

h_2/h_1 kann aus dem Verlauf des einmal gebrochenen Strahls 1' (Abb. 2.4) erhalten werden; A_2' aus der Abbildung des Zwischenbildes durch die zweite Fläche.

1. Schritt: Berechnung von h_2/h_1.
In Abb. 2.6 ist nochmals der Strahl 1' von Abb. 2.4 dargestellt. Der Abstand der Scheitelebenen S_1S_2 ist gleich der Mittendicke d. Mit $S_1F'_1 = f'_1$ ist deshalb der Abstand $S_2F'_1 = f'_1 - d$.

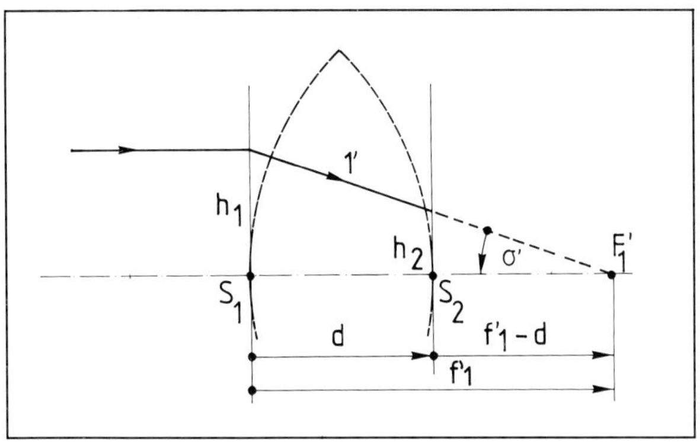

Abb. 2.6 Zur Ableitung der Gullstrandformel: Verlauf des einmal gebrochenen Strahls 1' von Abb. 2.4.

Für den positiven Winkel σ', den der Strahl 1' mit der optischen Achse bildet, gilt:

$$\tan \sigma' = \frac{h_2}{f'_1 - d} \quad \text{und} \quad \tan \sigma' = \frac{h_1}{f'_1}$$

durch Gleichsetzen:

$$\frac{h_2}{f'_1 - d} = \frac{h_1}{f'_1}$$

$$\frac{h_2}{h_1} = \frac{f'_1 - d}{f'_1} \qquad (2.10)$$

$$\frac{h_2}{h_1} = 1 - \frac{d}{f'_1}$$

durch Erweitern von d/f'_1 mit $n'_1 = n_L$ (n_L = Brechzahl des Linsenmaterials)

$$\frac{h_2}{h_1} = 1 - \frac{d \cdot n'_1}{n_L \cdot f'_1}; \quad \text{mit}$$

$$\delta = \frac{d}{n_L} \text{ (reduzierte Mittendicke) und } D_1 = \frac{n'_1}{f'_1}$$

$$\frac{h_2}{h_1} = 1 - \delta D_1 \qquad (2.11)$$

2. Schritt: Berechnung von A'_2.
Das Zwischenbild des unendlich fernen Achsenpunktes liegt im Brennpunkt F'_1 der ersten Fläche. Damit ist

$a'_1 = f'_1$

Die Dingweite zur zweiten Fläche ist um die Mittendicke d kürzer (Abb. 2.4):

$a_2 = f'_1 - d$, wobei mit (2.10)

$$f'_1 - d = f'_1 \cdot \frac{h_2}{h_1}, \text{ so daß}$$

$a_2 = f'_1 \cdot (1 - \delta D_1)$. Für

$$A_2 = \frac{n_2}{a_2} \text{ ergibt sich daraus mit } n_2 = n'_1$$

$$A_2 = \frac{n'_1}{f'_1 \cdot (1 - \delta D_1)}; \quad \text{mit} \quad \frac{n'_1}{f'_1} = D_1$$

$$A_2 = \frac{D_1}{1 - \delta D_1} \qquad (2.12)$$

Für $A'_2 = A_2 + D_2$ ergibt sich damit

$$A'_2 = \frac{D_1}{1 - \delta D_1} + D_2 = \frac{D_1 + (1 - \delta D_1)\, D_2}{1 - \delta D_1}$$

$$A'_2 = \frac{D_1 + D_2 - \delta D_1 D_2}{1 - \delta D_1} \qquad (2.13)$$

3. Schritt: Berechnung von D aus h_2/h_1 und A'_2. Entsprechend Gleichung (2.9) ist D das Produkt aus h_2/h_1 und A'_2:

$$D = \frac{h_2}{h_1} \cdot A'_2 \text{ ; mit (2.11) und (2.13)}$$

$$D = (1 - \delta D_1) \cdot \frac{D_1 + D_2 - \delta D_1 D_2}{1 - \delta D_1}$$

$(1 - \delta D_1)$ kürzt sich weg, und es ergibt sich für D die Gullstrandformel

$$\boxed{D = D_1 + D_2 - \delta D_1 D_2} \qquad (2.14)$$

2.4.2 Berechnung der Hauptebenen

Die gerichteten Abstände der Hauptebenen H und H' von den Scheitelpunkten $\bar{S}$ (= S_1) und S' (= S_2) werden mit $\bar{h}$ und h' bezeichnet:

$\bar{h} = \bar{S}H \qquad h' = S'H'$

h' kann mit F' in folgende Teilstrecken zerlegt werden: $h' = S'H' = S'F' + F'H'$, wobei $S'F' = S_2F'$ die Bildweite a_2 von F' gegenüber der zweiten Kugelfläche ist und $F'H' = -H'F' = -f'$, so daß

$$h' = a'_2 - f' \qquad (2.15)$$

Mit $n'_2 = n'$ ergibt sich aus

$$A'_2 = \frac{n'_2}{a'_2} \quad \text{und} \quad D = \frac{n'}{f'}$$

$$a'_2 = \frac{n'}{A'_2} \quad \text{und} \quad f' = \frac{n'}{D}$$

Eingesetzt in (2.15)

$$h' = \frac{n'}{A'_2} - \frac{n'}{D} = n' \cdot \left[\frac{1}{A'_2} - \frac{1}{D}\right]$$

$$\frac{h'}{n'} = -\left[\frac{1}{D} - \frac{1}{A'_2}\right] \qquad (2.16)$$

Mit (2.13) gilt

$$\frac{1}{A'_2} = \frac{1 - \delta D_1}{D_1 + D_2 - \delta D_1 D_2} \text{ ; mit (2.14)}$$

$$\frac{1}{A'_2} = \frac{1 - \delta D_1}{D} \text{ ; eingesetzt in (2.16)}$$

$$\frac{h'}{n'} = -\left[\frac{1}{D} - \frac{1 - \delta D_1}{D}\right]$$

$$\frac{h'}{n'} = -\frac{1 - 1 + \delta D_1}{D} = -\frac{\delta D_1}{D}$$

$$\boxed{\frac{h'}{n'} = -\delta \cdot \frac{D_1}{D}} \qquad (2.17)$$

Die Berechnung der Dinghauptebene H läßt sich auf die der Bildhauptebene H' zurückführen: H ergibt sich aus dem Schnittpunkt I eines Dingbrennpunktstrahls mit dem zugehörigen Bildachsenparallelstrahl (Abb. 2.7 a). Aus der Umkehrbarkeit des Lichtweges folgt, daß ein von rechts nach links verlaufender

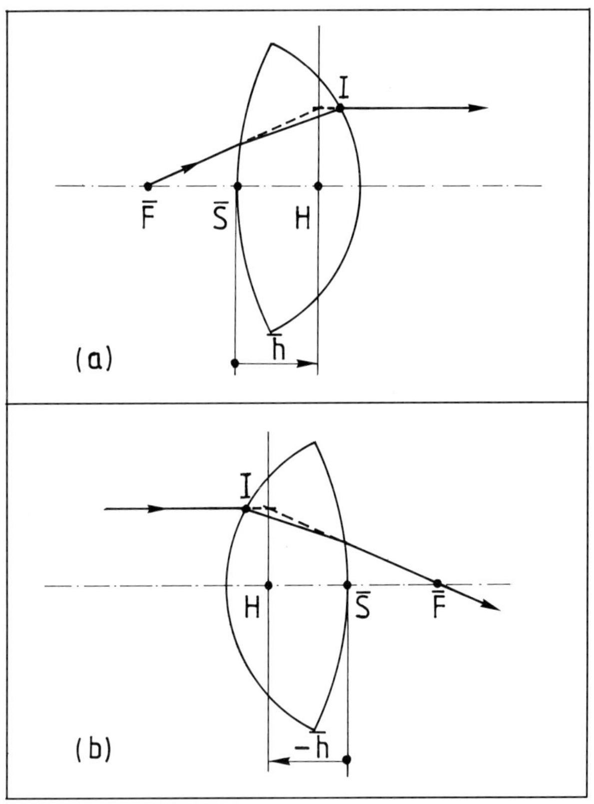

Abb. 2.7 Festlegung der Dinghauptebene H: (a) richtiger Strahlverlauf, (b) Strahlverlauf durch die umgekehrte Linse, der dem Strahlverlauf (a) bei Umkehr des Lichtweges entspricht.

Achsenparallelstrahl durch $\bar{F}$ verläuft. Für einen von links nach rechts verlaufenden Achsenparallelstrahl muß die Linse umgekehrt in den Strahlengang gestellt werden (Abb. 2.7 b). Dieser Strahlengang entspricht dem bei der Bestimmung von H', lediglich daß die erste mit der zweiten Fläche vertauscht ist. Der Strecke h' entspricht die Strecke $-\bar{h}$, wobei das Minuszeichen eine Folge der Linsenumkehr ist. Mit (2.17) ergibt sich:

$$\frac{-\bar{h}}{n} = -\delta \cdot \frac{D_2}{D} \quad \text{und damit}$$

$$\boxed{\frac{\bar{h}}{n} = \delta \cdot \frac{D_2}{D}} \qquad (2.18)$$

2.5 Beziehung zwischen $\bar{f}$ und r des Kugelspiegels (AO 4.3.2)

In Abb. 2.8 schneidet der achsennahe Achsenparallelstrahl 1 nach der Reflexion die optische Achse im Brennpunkt F. Für den Schnittwinkel des reflektierten Strahls 1' mit der optischen Achse gilt

$\beta = \alpha$ (Wechselwinkel an geschnittenen Parallelen), wobei

$\alpha = 2\varepsilon$ wegen des Reflexionsgesetzes. Außerdem gilt

$\varepsilon = \varphi$ (Wechselwinkel an geschnittenen Parallelen), so daß

$\beta = 2\,\varphi$

Aus Abb. 2.8 ergibt sich für φ und β:

$$\tan\varphi = \frac{\overline{AI}}{\overline{AC}} \qquad \tan\beta = \frac{\overline{AI}}{\overline{AF}}$$

Außerdem gilt die Kleinwinkelnäherung

$$\frac{\tan\varphi}{\tan\beta} = \frac{\varphi}{\beta}, \quad \text{so daß} \quad \frac{\dfrac{\overline{AI}}{\overline{AC}}}{\dfrac{\overline{AI}}{\overline{AF}}} = \frac{\overline{AF}}{\overline{AC}} = \frac{\varphi}{\beta} = \frac{1}{2}$$

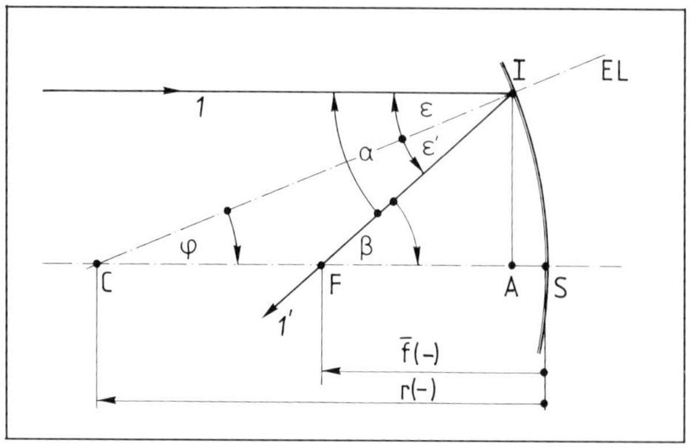

Abb. 2.8 Zum Beweis der Beziehung zwischen Brennweite und Krümmungsradius des Kugelspiegels. $\bar{f}$ und r als „ungestrichene" Größen werden beide auf die Richtung des einfallenden Lichtes bezogen und haben damit gleiches Vorzeichen (in der Skizze beide negativ).

Für achsennahe Strahlen ist näherungsweise $\overline{AF} = \overline{SF}$ und $\overline{AC} = \overline{SC}$. Unter Berücksichtigung der negativen Werte von $\bar{f}$ und r ist damit $\overline{AF} = -\bar{f}$, $\overline{AC} = -r$ so daß

$$\frac{\bar{f}}{r} = \frac{1}{2}$$

$$\boxed{\bar{f} = \frac{r}{2}} \qquad (2.19)$$

2.6 Kreis kleinster Verwirrung (AO 5.2.1)

In Abb. 2.9 ist die Abbildung eines Achsenpunktes O durch eine astigmatische Linse (angedeutet durch die Hauptebenen H, H') skizziert. Die senkrecht zueinanderliegenden Bildstrahlenbüschel der beiden Hauptschnitte sind übereinandergezeichnet. Sie

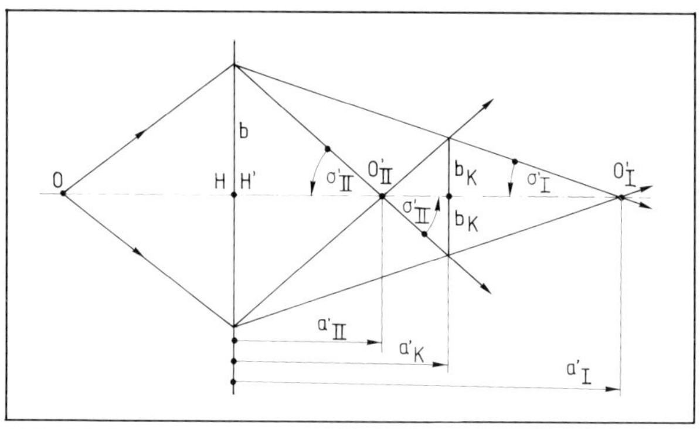

Abb. 2.9 Skizze zur Berechnung des Kreises kleinster Verwirrung.

bestimmen die beiden Bildlinien O'_I und O'_{II} mit den Bildweiten a'_I und a'_{II}. Ihre Randstrahlen schneiden die optische Achse unter den Winkeln σ'_I und σ'_{II}. Der Kreis kleinster Verwirrung liegt dort, wo die beiden Strahlenbüschel die gleiche Breite haben („Bildweite" a'_K). Die halbe Breite der Strahlenbüschel wird unmittelbar hinter der Linse mit b, am Ort des Kreises kleinster Verwirrung mit b_K bezeichnet. Die Lage des Kreises kleinster Verwirrung a'_K läßt sich folgendermaßen berechnen:
Für σ'_I und σ'_{II} ergibt sich aus Abb. 2.9

$$\tan\sigma'_I = \frac{b_K}{a'_I - a'_K} \qquad \tan\sigma'_{II} = \frac{b_K}{a'_K - a'_{II}}$$

$$\tan\sigma'_I = \frac{b}{a'_I} \qquad \tan\sigma'_{II} = \frac{b}{a'_{II}}$$

Durch Gleichsetzen der beiden Ausdrücke für $\tan\sigma'_I$ bzw. der beiden Ausdrücke für $\tan\sigma'_{II}$ ergeben sich die Gleichungen

$$\frac{b_K}{a'_I - a'_K} = \frac{b}{a'_I} \qquad \frac{b_K}{a'_K - a'_{II}} = \frac{b}{a'_{II}}$$

durch Umformen, so daß beide Male auf der linken Seite b_K/b steht

$$\frac{b_K}{b} = \frac{a'_I - a'_K}{a'_I} \qquad \frac{b_K}{b} = \frac{a'_K - a'_{II}}{a'_{II}}$$

$$\frac{b_K}{b} = 1 - \frac{a'_K}{a'_I} \qquad \frac{b_K}{b} = \frac{a'_K}{a'_{II}} - 1$$

Das Verhältnis der Bildweiten a' auf den rechten Gleichungsseiten kann nach Erweitern der Brüche mit n' durch das umgekehrte Verhältnis der Vergenzen $A' = n'/a'$ ersetzt werden:

$$\frac{b_K}{b} = 1 - \frac{A'_I}{A'_K} \qquad \frac{b_K}{b} = \frac{A'_{II}}{A'_K} - 1$$

Durch Gleichsetzen der beiden Ausdrücke für b_K/b ergibt sich

$$1 - \frac{A'_I}{A'_K} = \frac{A'_{II}}{A'_K} - 1$$

Beidseits mit A'_K multipliziert

$$A'_K - A'_I = A'_{II} - A'_K$$

$$2\,A'_K = A'_I + A'_{II}$$

$$\boxed{A'_K = \frac{A'_I + A'_{II}}{2}} \qquad (2.20)$$

Damit ist die Vergenz des Kreises kleinster Verwirrung $A'_K = n'/a'_K$ der Mittelwert der Vergenzen der beiden Bildlinien.

2.7 Kühlsche und Sloan-Habelsche Lupenformel (AO 8.2.2)

Die Kühlsche und die Sloan-Habelsche Lupenformel ergeben sich aus der allgemeinen Vergrößerungsformel für optische Instrumente (AO, Formel 8.3):

$$\Gamma' = \beta' \cdot \frac{a_0}{a_E} \qquad (2.21)$$

Dabei ist β' der Abbildungsmaßstab, a_0 die Bezugssehweite (bei der Lupe im allgemeinen −25 cm) und a_E der Abstand des Lupenbildes vom Auge (Abb. 2.10).
Neben dem Lupenbrechwert D, dem Hauptebenenabstand Lupe-Auge $\bar{e}$ und der Bezugssehweite a_0

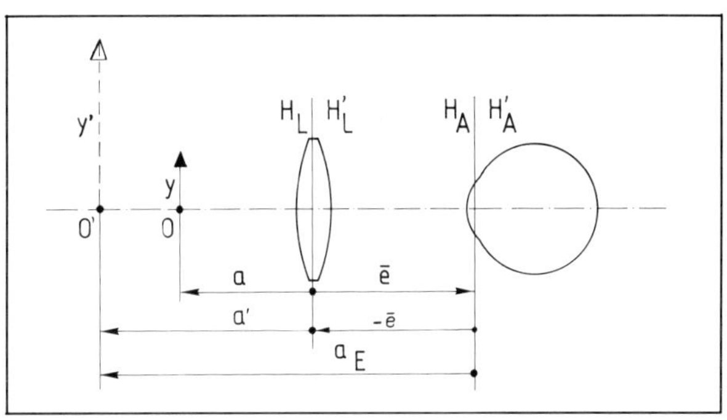

Abb. 2.10 Skizze zur Lupenvergrößerung: y Gegenstandsgröße, y' Größe des virtuellen Lupenbildes.

wird bei der Kühlschen Formel a_E als gegeben vorausgesetzt; bei der Sloan-Habelschen Formel die Lupendingweite a.

2.7.1 Die Kühlsche Lupenformel

Für den Abbildungsmaßstab $\beta' = A/A'$ ergibt sich mit $A' = A + D$

$$\beta' = \frac{A}{A'} = \frac{A' - D}{A'} = 1 - \frac{D}{A'} \qquad (2.22)$$

$1/A'$ muß aus a_E berechnet werden. a_E ist um $\bar{e}$ negativer als a' (Abb. 2.10):

$$a_E = a' + (-\bar{e}) = a' - \bar{e} \text{ und damit} \qquad (2.23)$$
$$a' = a_E + \bar{e}$$

Mit $n' = n = 1$ (Lupe an Luft) ist $a' = 1/A'$ und $a_E = 1/A_E$

$$\frac{1}{A'} = \frac{1}{A_E} + \bar{e} = \frac{1 + \bar{e} \cdot A_E}{A_E}$$

Eingesetzt in (2.22) ergibt sich

$$\beta' = 1 - \frac{D}{A_E} \cdot (1 + \bar{e} \cdot A_E) \quad \text{und damit}$$

$$\frac{a_0}{a_E} = \frac{A_E}{A_0}; \quad \text{für } \Gamma' \text{ gemäß (2.21)}$$

$$\Gamma' = \frac{A_E}{A_0}\left[1 - \frac{D}{A_E} \cdot (1 + \bar{e} \cdot A_E)\right]$$

$$\Gamma' = \frac{A_E}{A_0} - \frac{D}{A_0} \cdot (1 + \bar{e} \cdot A_E)$$

$$\Gamma' = \frac{A_E}{A_0} - \frac{D}{A_0} - \frac{D\bar{e} \cdot A_E)}{A_0}$$

$$\boxed{\Gamma'_L = \frac{D}{-A_0} + \frac{A_E}{A_0} \cdot (1 - D\bar{e})} \qquad (2.24)$$

2.7.2 Die Sloan-Habelsche Lupenformel

Wieder wird die Vergrößerung Γ' mit Formel (2.21) berechnet. Diesmal ist die Lupendingweite a gegeben und a_E muß berechnet werden. Mit (2.23) ergibt sich

$$a_E = a' - \bar{e} = \frac{1}{A'} - \bar{e} = \frac{1 - A'\bar{e}}{A'} \quad \text{und damit}$$

$$\frac{a_0}{a_E} = \frac{a_0 \cdot A'}{1 - A'\bar{e}}; \quad \text{für } \Gamma' \text{ gemäß (2.21)}$$

$$\Gamma' = \beta' \cdot \frac{a_0}{a_E} = \frac{A}{A'} \cdot \frac{a_0 \cdot A'}{1 - A'\bar{e}} = \frac{A \cdot a_0}{1 - A'\bar{e}}; \quad \text{mit}$$

$$A' = A + D \qquad \Gamma' = \frac{A \cdot a_0}{1 - A\bar{e} - D\bar{e}}$$

nach Erweitern mit a (wobei $a \cdot A = 1$)

$$\boxed{\Gamma'_L = \frac{a_0}{a - \bar{e} - a\bar{e}D}} \qquad (2.25)$$

2.8 Die Newtonsche Abbildungsformel (AO 8.4.5)

Die Newtonsche Abbildungsgleichung ist eine Beziehung zwischen den Abständen z und z', die der Gegenstand und das Bild von den entsprechenden Brennpunkten haben:

$$z = FO \qquad z' = F'O'. \qquad (2.26)$$

Aus Abb. 2.11 ergibt sich je zweimal der Tangens der positiven Winkel α und β:

$$\tan\alpha = \frac{y'}{\bar{f}} = -\frac{y}{z} \qquad \text{damit} \qquad \frac{y'}{y} = -\frac{\bar{f}}{z}$$

$$\tan\beta = -\frac{y'}{z'} = \frac{y}{f'} \qquad \text{damit} \qquad \frac{y'}{y} = -\frac{z'}{f'}$$

(Ein Minuszeichen ist immer dann nötig, wenn eine der beiden gerichteten Strecken negativ ist.)

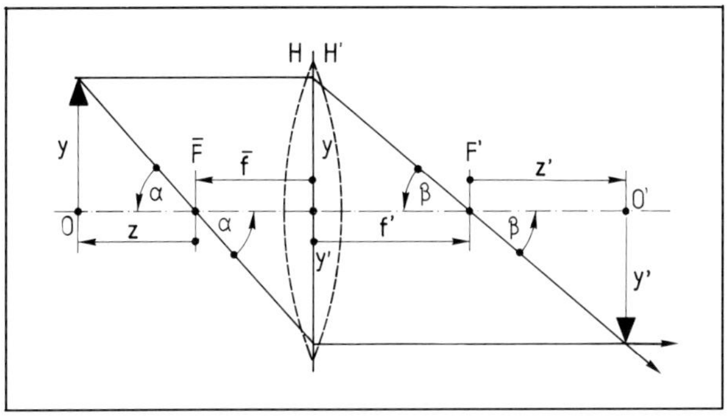

Abb. 2.11 Skizze zur Newtonschen Abbildungsformel.

Durch Gleichsetzen der beiden Ausdrücke für den Abbildungsmaßstab y'/y ergibt sich die Gleichung:

$$-\frac{z'}{f'} = -\frac{\bar{f}}{z}$$ und damit

$$\boxed{z \cdot z' = \bar{f} \cdot f'} \qquad (2.27)$$

Das ist die allgemeine Form der Newtonschen Abbildungsgleichung, die auch dann gilt, wenn die Brechzahlen n, n' der Medien vor und hinter der Linse verschieden sind. Bei gleichen Brechzahlen sind die Brennweiten $\bar{f}$, f' bis auf das Vorzeichen gleich ($\bar{f} = -f'$), und es ergibt sich

$$\boxed{z \cdot z' = -f'^2} \qquad (2.28)$$

3. Übungsaufgaben

3.1 Lichtquellen und Lichtausbreitung (AO 1)

AO 1.5.1

1) Ein Lichtstrahl benötigt von der Erde zum Mond und wieder zurück 2,6 s. Wie groß ist die Entfernung Erde – Mond?

2) Bei der größten Annäherung hat der Jupiter von der Erde einen Abstand von 630 Millionen Kilometern. Wie lange braucht das Licht vom Jupiter zur Erde?

3) Wieviele Milliarden Kilometer beträgt der Abstand eines Sterns von der Erde, der ein Lichtjahr entfernt ist?

4) Die Erde hat von der Sonne einen Abstand von 150 Millionen Kilometer.
Welche Zeit benötigt ein Lichtstrahl von der Sonne zur Erde?

5) Der Schall benötigt in Luft für eine Strecke von 2,5 km eine Zeit von 7,6 s.
a) Wie groß ist die Schallgeschwindigkeit in Luft?
b) Bei einem Gewitter werden zwischen Blitz und Donner 3 s gemessen. Welche Entfernung hatte der Blitz?

AO 1.6.1

1) Ein Fernsehsender sendet auf einer Frequenz von 320 MHz (1 MHz = 1 Megahertz = 1 Million Hertz).
Welche Wellenlänge hat die elektromagnetische Welle, die er abstrahlt?

2) Der UKW-Frequenzbereich liegt zwischen 89 – 100 MHz. In welchem Wellenlängenbereich liegen die UKW-Sender?

3) Die elektromagnetische Welle, die von einem Langwellensender abgestrahlt wird, hat eine Wellenlänge von 4,5 km. Auf welcher Frequenz sendet der Sender?

4) Bei einer Wasserwelle folgen die Wellenberge in Abständen von 10 m aufeinander. Ein auf dem Wasser schwimmender Korken wird in 18 Sekunden 4 mal auf und nieder bewegt.
a) Wie groß ist die Ausbreitungsgeschwindigkeit der Wasserwelle?
b) In Ufernähe verringert sich der Abstand der Wellenberge. Was bedeutet das für die Ausbreitungsgeschwindigkeit?

5) Ein Schiffshorn gibt einen Warnton von 30 Hz ab. Die Schallgeschwindigkeit in Luft beträgt 330 m/s.
a) Welche Zeit benötigt das Signal bis zu einem 2 km entfernten Boot?
b) Wie groß ist die Wellenlänge der Schallwelle verglichen mit der Länge des Bootes von 5 m?

6) Wieviele Milliarden Schwingungen pro Sekunde ergeben sich bei Licht der Wellenlänge 800 nm?

AO 1.7.1

1) Eine dicke Glasplatte wirft 9% des auftreffenden Lichtes zurück. Nach Durchgang durch die Platte ist nur noch die Hälfte des auftreffenden Lichtes vorhanden. Welchen Absorptionsgrad hat die Platte?

2) Zwei Filter mit den Transmissionsgraden 0,8 und 0,4 werden hintereinander angeordnet. Welcher Transmissionsgrad ergibt sich,
a) wenn der durchlässigere Filter vor dem weniger durchlässigen steht?
b) bei umgekehrter Anordnung der Filter?

3) Ein Lichtstrahl trifft senkrecht auf eine Wasseroberfläche. Welcher Bruchteil des auftreffenden Lichtes dringt bei Vernachlässigung der Reflexion bis in eine Tiefe von 3 m, wenn die Halbwertsschichtdicke des Wassers 30 cm beträgt?

3.2 Reflexion des Lichtes (AO 2)

AO 2.4

1) Eine ebene Welle trifft unter einem Einfallswinkel von 45° auf ein ebenes Hindernis. Zeichnen Sie die Elementarwellen samt der Einhüllenden für sechs Oberflächenpunkte, die in Abständen von jeweils 2 cm nebeneinanderliegen, und zwar

a) für den Zeitpunkt, in dem die Welle den letzten der sechs Punkte erreicht,

b) für den Zeitpunkt, in dem der Radius der Elementarwelle um den letzten der getroffenen Punkte auf 3 cm angewachsen ist.

c) Tragen Sie in die Zeichnung die Ausbreitungsrichtung der reflektierten Welle sowie den Einfalls- und den Reflexionswinkel ein.

AO 2.5.3

1) Ein Dingpunkt befindet sich in einem Abstand von 5 cm zu einem ebenen Spiegel. Konstruieren Sie mit zwei Lichtstrahlen das Spiegelbild. Kontrollieren Sie das Ergebnis mit einem dritten Strahl.

AO 2.5.4

1 a) Zeichnen Sie das Spiegelbild eines 5 cm großen, aufrecht stehenden Gegenstandes, der sich 6 cm vor einem ebenfalls aufrecht stehenden Planspiegel befindet.

b) Der Gegenstand neigt sich bei unveränderter Lage seines Fußpunktes um 30° zum Spiegel hin. Zeichnen Sie wieder das Spiegelbild.

2) Ein 1 m großer Gegenstand befindet sich 2 m vor einem Planspiegel. 3 m hinter dem Gegenstand steht ein Beobachter, dessen Augenhöhe 1,6 m beträgt. Ermitteln Sie den Bereich des Spiegels, der notwendig ist, damit der Beobachter das Spiegelbild des Gegenstandes vollständig sieht (1 m ≙ 3 cm).

AO 2.6

1) (Abb. 2.6–1)

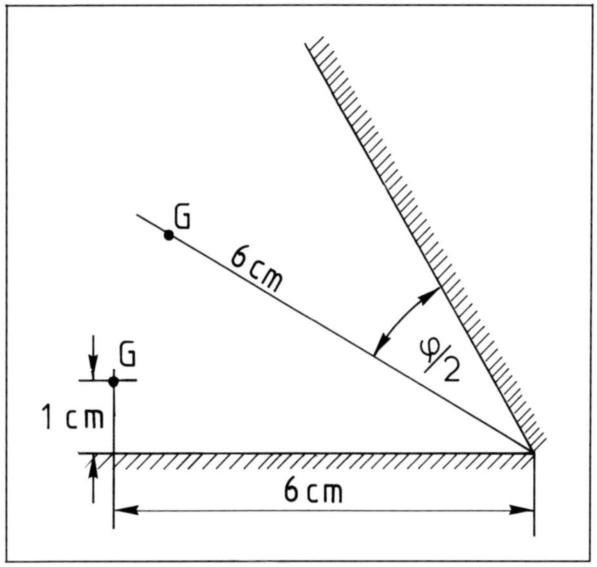

Abb. 2.6-1

a) Ein Dingpunkt G befindet sich auf der Winkelhalbierenden eines Winkelspiegels 6 cm von der Stoßkante der Spiegel entfernt. Ermitteln Sie zeichnerisch ohne Benutzung von Lichtstrahlen alle Spiegelbilder, die sich bei einem Winkel φ des Winkelspiegels von 70°, 60°, 50° ergeben.

b) Wie a), aber unsymmetrische Lage von G (bei 6 cm Abstand von der Stoßkante 1 cm vor einem der beiden Spiegel).

2) (Abb. 2.6–2) Ein Dingpunkt G befindet sich in der Mitte zwischen den Spiegeln eines Winkelspiegels ($\varphi = 100°$) 6 cm von der Stoßkante der Spiegel entfernt.

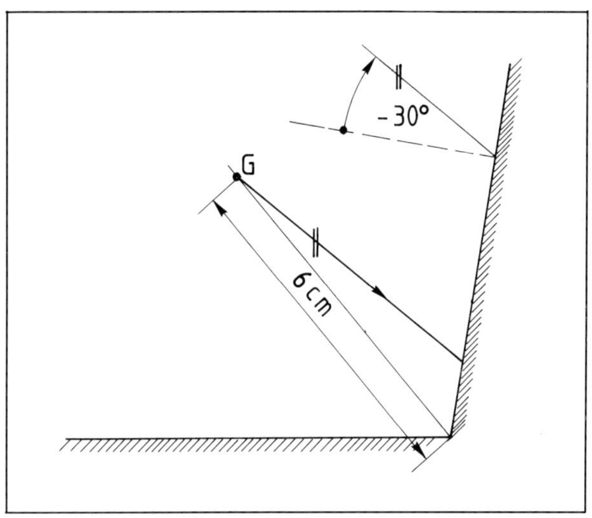

Abb. 2.6-2

a) Ermitteln Sie zeichnerisch alle Spiegelbilder.

b) Lassen Sie entsprechend Abb. 2.6–2 von G aus zwei Strahlen unter Einfallswinkeln von −30° und −25° auf den Winkelspiegel fallen. Ermitteln Sie mit Hilfe der Spiegelbilder den weiteren Strahlverlauf.

AO 2.6.2

1) Zwei Planspiegel stehen sich in einem Abstand von 4 cm parallel gegenüber. Ein Dingpunkt G befindet sich in der Mitte zwischen den Spiegeln.

a) Ermitteln Sie zeichnerisch ohne Benutzung von Lichtstrahlen eine Folge von drei auseinander hervorgehenden Spiegelbildern.

b) Zeichnen Sie mit Hilfe dieser Bildfolge den Verlauf eines Lichtstrahls, der von G ausgeht und unter einem Einfallswinkel von 30° auf den ersten Spiegel trifft.

2) Wie Aufgabe 1), aber für eine unsymmetrische Lage von G einen Zentimeter vor dem ersten Spiegel.

AO 2.7

1) (Abb. 2.7–1) Die Seiten eines 45°-Winkelspiegels sind 12 cm lang. Im Einfallspunkt I, 1 cm vom Spiegelrand entfernt, fallen Lichtstrahlen unter Einfallswinkeln von −20°, −30° und −40° ein.

a) Konstruieren Sie den Strahlverlauf und tragen Sie am jeweiligen Schnittpunkt des aus- mit dem einfallenden Strahl den Strahlablenkungswinkel δ ein.

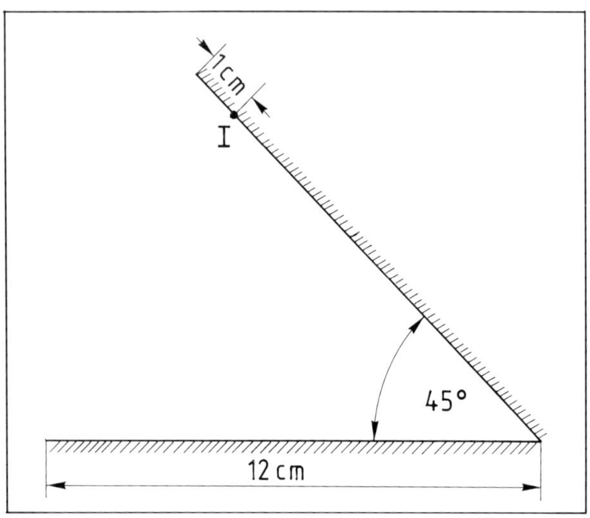

Abb. 2.7-1

b) Was geschieht, wenn der Einfallswinkel −45° beträgt?

3.3 Brechung (Refraktion) des Lichtes (AO 3)

AO 3.4

1) Eine ebene Welle trifft unter einem Einfallswinkel von 60° auf die ebene Trennfläche zweier verschiedener optischer Medien. Die Lichtgeschwindigkeit ist im zweiten Medium nur noch halb so groß wie im ersten. Zeichnen Sie die Elementarwellen samt der Einhüllenden für sechs Punkte der Trennfläche, die in Abständen von jeweils 2 cm nebeneinanderliegen, und zwar

a) für den Zeitpunkt, in dem die Welle den letzten der sechs Punkte erreicht,

b) für den Zeitpunkt, in dem der Radius der Elementarwelle um den letzten der getroffenen Punkte auf 3 cm angewachsen ist.

c) Tragen Sie in die Zeichnung die Ausbreitungsrichtung der gebrochenen Welle sowie den Einfalls- und den Brechungswinkel ein.

2) Wie 1), aber für den Fall, daß der Einfallswinkel 30° beträgt und die Lichtgeschwindigkeit im zweiten Medium um den Faktor 1,5 größer ist als im ersten Medium.

3) Ein Lichtstrahl fällt unter einem Einfallswinkel von 30° auf die Grenzfläche Luft–Glas (Strahlrichtung von Luft nach Glas; $n_G = 1{,}5$). Berechnen Sie den Brechungswinkel und den Winkel, um den der Strahl bei der Brechung abgelenkt wird.

4) Ein Lichtstrahl fällt unter einem Einfallswinkel von 30° auf die Grenzfläche Wasser–Glas ($n_W = 1{,}3$; $n_G = 1{,}5$). Berechnen Sie den Brechungswinkel und den Winkel, um den der Strahl bei der Brechung abgelenkt wird.

5) Berechnen Sie die Strahlablenkung eines Lichtstrahls, der unter einem Einfallswinkel von 55° auf die Grenzfläche Glas–Wasser ($n_G = 1{,}5$; $n_W = 1{,}3$) trifft.

6) Ein Lichtstrahl tritt unter einem Brechungswinkel von 60° an der Grenzfläche Wasser–Luft ($n_W = 1{,}3$) in Luft ein. Wie groß ist der Einfallswinkel und der Winkel, um den der Strahl bei der Brechung abgelenkt wird?

7) Wie groß müßte bei Aufgabe 6) der Einfallswinkel sein, damit der gebrochene Lichtstrahl in Luft an der Wasseroberfläche entlangläuft?

AO 3.5

1) – 5) Konstruieren Sie den Strahlverlauf bei der Brechung entsprechend den Rechenaufgaben AO 3.4 3) – 7) (als Radien der Hilfskreise jeweils das 5fache der zugehörigen Brechzahlen in cm benutzen).

AO 3.5.1

1) Ein Dingpunkt G befindet sich 5 cm unter Wasser ($n_W = 1{,}3$); über dem Wasser ist Luft. Die Grenzfläche ist eben. Konstruieren Sie mit einem einzigen Kreispaar (Radien das 5fache der Brechzahlen in cm) die Brechung der vier Dingstrahlen, die von G ausgehen und unter Einfallswinkeln von 45° und 50° sowie 25° und 30° auf die Grenzfläche treffen.
Bestimmen Sie mit den gebrochenen Strahlen die Lage des Bildpunktes G' bei schräger und bei weniger schräger Betrachtung.

AO 3.6

1) Konstruieren und berechnen Sie den Grenzwinkel der Totalreflexion für die Grenzfläche Kronglas – Wasser ($n_G = 1{,}5$; $n_W = 1{,}3$).

2 a) Konstruieren und berechnen Sie den Grenzwinkel der Totalreflexion für die Grenzfläche Kronglas – Luft ($n_G = 1{,}5$).
b) Ein Lichtstrahl, der im Glas verläuft, trifft unter einem Einfallswinkel von 60° auf die Grenzfläche. Konstruieren Sie den weiteren Strahlverlauf.

3 a) Konstruieren und berechnen Sie den Grenzwinkel der Totalreflexion für die Grenzfläche Wasser – Luft ($n_W = 1{,}3$).
b) Ein Lichtstrahl, der im Wasser verläuft, trifft unter einem Einfallswinkel von 70° auf die Grenzfläche. Konstruieren Sie den weiteren Strahlverlauf.

4) Wie groß ist die Brechzahl eines optischen Mediums, dessen Grenzwinkel der Totalreflexion gegen Luft 35° beträgt?

AO 3.7.1

1) Ein Lichtstrahl fällt unter einem Einfallswinkel von 60° auf eine 10 cm dicke Glasplatte ($n_G = 1{,}5$), die sich in Luft befindet.
a) Berechnen Sie die Parallelverschiebung, die der Lichtstrahl beim Durchgang durch die Platte erfährt.
b) Konstruieren Sie mit nur einem Kreispaar (Radien das 5fache der Brechzahlen in cm) den Strahlverlauf und ermitteln Sie aus der Zeichnung die Parallelverschiebung.

2) Ein Lichtstrahl fällt unter einem Einfallswinkel von −30° auf eine planparallele Glasplatte ($n_G = 1{,}5$) in Luft. Er erfährt dabei eine Parallelverschiebung von 2,5 cm. Wie dick ist die Platte?

AO 3.7.2

1) Ein Gegenstand wird durch eine 20 cm dicke planparallele Flintglasplatte ($n_G = 1{,}7$) hindurch betrachtet.
Um wieviel erscheint er bei senkrechter Betrachtung näher gerückt, wenn sich die Platte
a) in Luft,
b) in Wasser ($n_W = 1{,}3$) befindet?

2) Zur Messung der Brechzahl einer 3,00 mm dicken planparallelen Platte wird ein mikroskopisches Präparat zunächst direkt, dann durch die Platte hindurch betrachtet. Dabei wird mit dem Mikroskop eine scheinbare Höhenverschiebung des Präparates um 1,25 mm gemessen. Wie groß ist die Brechzahl des Glases?

AO 3.7.4

1) Auf eine 10 cm dicke planparallele Glasplatte (n_G = 1,5) fällt unter einem Einfallswinkel von 30° ein Lichtstrahl. Vor der Platte befindet sich Luft, hinter der Platte Wasser (n_W = 1,3).

a) Konstruieren Sie den Strahlverlauf und ermitteln Sie aus der Zeichnung die Strahlablenkung, die der Lichtstrahl durch die Platte erfährt.

b) Berechnen Sie die Strahlablenkung.

2) Zwei 5 cm dicke planparallele Glasplatten mit den Brechzahlen n_1 = 1,5 und n_2 = 1,8 liegen dicht hintereinander. Vor der ersten Platte befindet sich Luft, hinter der zweiten Platte Wasser (n_W = 1,3). Auf die erste Platte fällt unter einem Einfallswinkel von 30° ein Lichtstrahl.

Berechnen Sie die Strahlablenkung unter der Annahme,

a) daß sich eine dünne Luftschicht zwischen den Platten befindet;

b) daß die Platten miteinander verschmolzen sind.

c) Konstruieren Sie den Strahlverlauf und ermitteln Sie aus der Zeichnung die Strahlablenkung.

AO 3.8.1

1) Ein gleichseitiges 60°-Kronglasprisma (n_G = 1,5) in Luft hat eine Seitenlänge von 10 cm (Abb. 3.8.1-1). Der Einfallspunkt I eines Lichtstrahls liegt 4 cm von der oberen Kante entfernt.

Konstruieren Sie mit jeweils nur einem Hilfskreispaar (Radien das 5fache der Brechzahlen in cm) den Strahlverlauf für einen Einfallswinkel ε_1 von **a)** +75°, **b)** +60°, **c)** +45°, **d)** +30°, **e)** +15°, **f)** 0°.

Ziehen Sie durch die jeweilige Austrittsstelle die Parallele zum einfallenden Strahl und bestimmen Sie damit den Winkel der Strahlablenkung δ.

2) Ein gleichschenkliges 45°-Flintglasprisma (n_G = 1,7) in Wasser (n_W = 1,3) hat eine Schenkellänge von 10 cm (Abb. 3.8.1-2). Der Einfallspunkt I eines Lichtstrahls liegt 4 cm von der oberen Kante entfernt.

Konstruieren Sie wie in Aufgabe 1) den Strahlverlauf für einen Einfallswinkel ε_1 von **a)** +75°, **b)** +60°,

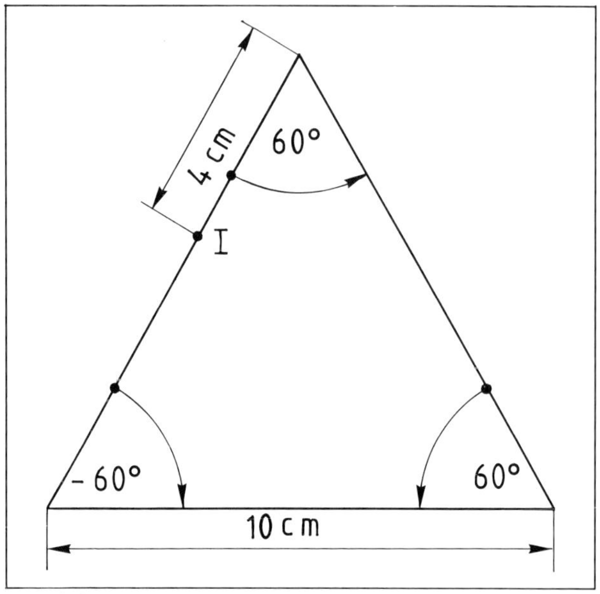

Abb. 3.8.1-1

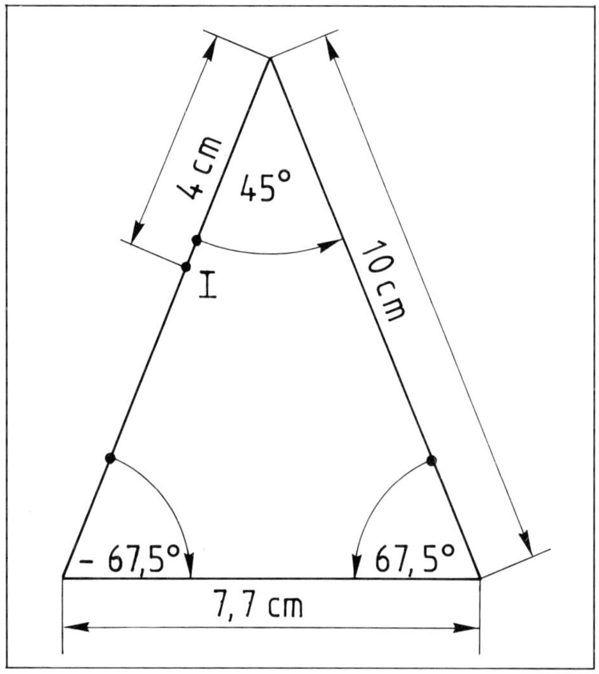

Abb. 3.8.1-2

c) + 45°, **d)** +30°, **e)** +15°, **f)** 0°. Bestimmen Sie aus der Zeichnung den Strahlablenkungswinkel δ.

AO 3.8.2

1) Berechnen Sie den jeweiligen Strahlverlauf und die Strahlablenkung δ der Konstruktionsaufgaben AO 3.8.1, 1a) – f).

2) Berechnen Sie den jeweiligen Strahlverlauf und die Strahlablenkung δ der Konstruktionsaufgaben AO 3.8.1, 2a) – f).

3) (Zu AO, Abb. 3.34) Berechnen Sie die Strahlablenkung δ, die sich mit einem 10°-Kronglasprisma (n_P = 1,5) in Luft für die Einfallswinkel +25°, +15°, +7,5°, − 5°, −15° ergibt.

AO 3.8.3

1 a) Konstruieren Sie den symmetrischen Strahlengang durch ein 45°-Prisma (n_P = 1,5) in Luft. Ermitteln Sie aus der Zeichnung die Minimalablenkung.
b) Berechnen Sie die Minimalablenkung.

2) Wie Aufgabe 1), aber mit einem 30°-Prisma.

3) Ein 60°-Prisma in Luft ergibt für einen Einfallswinkel von 54,6° den symmetrischen Strahlverlauf. Berechnen Sie die Brechzahl des Prismenmaterials.

4) Ein 45°-Kronglasprisma (n_G = 1,5) befindet sich
a) in Luft,
b) in Wasser (n_W = 1,3).
Berechnen Sie die Minimalablenkung.

5) Ein 30°-Prisma in Luft ergibt eine Minimalablenkung von −22,4°. Berechnen Sie die Brechzahl des Prismenmaterials.

6) Auf ein 30°-Prisma aus Kronglas (n_G = 1,5) in Luft fällt unter einem Einfallswinkel von 40° ein Lichtstrahl. Berechnen Sie die Strahlablenkung
a) exakt,
b) mit der Näherungsformel für ein dünnes Prisma.

7) Ein dünnes Flintglasprisma (n_G = 1,706) ergibt in Luft eine Strahlablenkung von −5°. Wie groß ist der Keilwinkel des Prismas?

8) Ein dünnes Prisma hat einen Keilwinkel von 10° und ergibt in Luft eine Strahlablenkung von −6,5°. Welche Brechzahl hat das Prismenmaterial?

AO 3.8.5

1) Ein Gegenstand wird in einem Abstand von 30 cm zum Auge gehalten und durch ein Prisma hindurch betrachtet, das sich 10 cm vor dem Auge befindet. Es ergibt sich eine scheinbare Gegenstandsverschiebung von 3 cm nach oben.
a) Welche prismatische Ablenkung hat das Prisma?
b) Wo liegt seine Basis (mit Skizze)?

2) Ein Projektor entwirft auf einem 20 m entfernten Bildschirm ein Bild. Unmittelbar vor dem Projektor wird ein Prisma mit der prismatischen Wirkung $\vec{P}$ = 5 cm/m B.o. angebracht. Um welche Strecke und in welcher Richtung verschiebt sich dadurch das Bild (mit Skizze)?

AO 3.8.6

1) Ein Prisma lenkt einen Lichtstrahl um 15° ab. Wie groß ist seine prismatische Ablenkung?

2) Ein Prisma hat für einen bestimmten Strahl eine prismatische Ablenkung von 15 cm/m. Um welchen Winkel wird der Strahl abgelenkt?

3) Ein dünnes Kronglasprisma (n_G = 1,5) hat einen Keilwinkel von 10°. Wie groß ist seine prismatische Ablenkung?

4) Ein dünnes Kronglasprisma hat eine prismatische Ablenkung von 10 cm/m. Wie groß ist sein Keilwinkel?

AO 3.8.7

1) Ein Prisma mit der Abbeschen Zahl 30 lenkt einen Lichtstrahl um 15° ab.
a) Wie groß ist der Dispersionswinkel?
b) Wie breit ist der Farbsaum auf einem Schirm, der sich 5 m hinter dem Prisma senkrecht zum abgelenkten Strahl befindet?

2) Ein optisches Glas hat die Brechzahl n_e = 1,640 und die Abbesche Zahl ν_e = 45,2. Wie groß ist seine Hauptdispersion?

3.4 Optische Abbildungen durch Kugelflächen, sphärische Linsen und Spiegel (AO 4)

AO 4.1.2

1) Vor einer Kugelfläche mit dem Krümmungsradius $r = -2{,}5$ cm befindet sich Glas ($n_G = 1{,}5$), dahinter Wasser ($n_W = 1{,}3$). Skizzieren Sie die Fläche und berechnen Sie den Flächenbrechwert.

2) Vor einer Kugelfläche befindet sich Luft, dahinter Wasser ($n_W = 1{,}3$), der Flächenbrechwert beträgt -15 dpt. Wie groß ist der Krümmungsradius (mit Skizze der Fläche)?

3) Eine brechende Kugelfläche hat einen Flächenbrechwert von $+25$ dpt. Vor der Fläche befindet sich Luft, dahinter Glas ($n_G = 1{,}5$).
a) Berechnen Sie den Krümmungsradius der Kugelfläche (mit Skizze der Fläche).
b) Durch die Kugelfläche wird ein Dingpunkt O abgebildet, der sich 12,5 cm vor der Kugelfläche befindet. Berechnen Sie die Bildweite des zugehörigen Bildpunktes O'.
c) Wie b) für einen Dingpunkt O, der sich 2,5 cm vor der Kugelfläche befindet.

4) Vor einer Kugelfläche mit dem Krümmungsradius $r = +5{,}0$ cm befindet sich Glas ($n_G = 1{,}5$), dahinter Luft.
a) Berechnen Sie den Flächenbrechwert (mit Skizze der Kugelfläche).
b) Ein Dingpunkt O befindet sich 5 cm vor der Kugelfläche. Berechnen Sie die zugehörige Bildweite.
c) Ein virtueller Dingpunkt O befindet sich 5 cm hinter der Kugelfläche. Berechnen Sie die zugehörige Bildweite.
d) Ein virtueller Bildpunkt O' befindet sich 2,5 cm vor der Kugelfläche. Berechnen Sie die zugehörige Dingweite.

5) Vor einer brechenden Kugelfläche mit dem Flächenbrechwert $D = +5{,}0$ dpt befindet sich Glas ($n_G = 1{,}5$), dahinter Wasser ($n_W = 1{,}3$).
a) Berechnen Sie den Krümmungsradius (mit Skizze der Fläche).
b) Ein Dingpunkt O befindet sich 5 cm vor der Kugelfläche. Berechnen Sie die zugehörige Bildweite.
c) Ein virtueller Dingpunkt O befindet sich 5 cm hinter der Kugelfläche. Berechnen Sie die zugehörige Bildweite.
d) Ein reeller Bildpunkt O' befindet sich 1,5 m hinter der Kugelfläche. Berechnen Sie die zugehörige Dingweite.
e) Ein virtueller Bildpunkt O' befindet sich 10 cm vor der Kugelfläche. Berechnen Sie die zugehörige Dingweite.

AO 4.1.4

1) Vor einer brechenden Kugelfläche mit dem Krümmungsradius $r = +5{,}0$ cm befindet sich Luft, dahinter Glas ($n_G = 1{,}5$).
a) Zeichnen Sie die Kugelfläche (mit Kennzeichnung des optisch dichteren Mediums).
b) Bestimmen Sie zeichnerisch die Brennpunkte und ermitteln Sie aus der Zeichnung die Brennweiten.

2) Vor einer brechenden Kugelfläche mit $r = +5{,}0$ cm befindet sich Glas ($n_G = 1{,}5$), dahinter Luft.
a) Zeichnen Sie die Kugelfläche (mit Kennzeichnung des optisch dichteren Mediums).
b) Bestimmen Sie zeichnerisch die Brennpunkte und ermitteln Sie aus der Zeichnung die Brennweiten.

3) Vor einer brechenden Kugelfläche mit $r = -2{,}0$ cm befindet sich Glas ($n_G = 1{,}7$), dahinter Wasser ($n_W = 1{,}3$).
a) Zeichnen Sie die Kugelfläche (mit Kennzeichnung des optisch dichteren Mediums).
b) Bestimmen Sie zeichnerisch die Brennpunkte und ermitteln Sie aus der Zeichnung die Brennweiten.

4) Vor einer brechenden Kugelfläche mit $r = +2{,}0$ cm befindet sich Glas ($n_G = 1{,}7$), dahinter Wasser ($n_W = 1{,}3$).
a) Zeichnen Sie die Kugelfläche (mit Kennzeichnung des optisch dichteren Mediums).

b) Bestimmen Sie zeichnerisch die Brennpunkte und ermitteln Sie aus der Zeichnung die Brennweiten.

AO 4.1.5

1) Eine brechende Kugelfläche hat einen Flächenbrechwert von +25 dpt. Vor der Fläche befindet sich Luft, dahinter Glas ($n_G = 1{,}5$).
a) Berechnen Sie die Brennweiten und daraus den Krümmungsradius (mit Skizze der Fläche und Angabe von $\bar{F}$, F', C).
b) Berechnen Sie den Krümmungsradius direkt aus dem Flächenbrechwert.

2) Vor einer brechenden Fläche befindet sich Luft, dahinter Wasser ($n_W = 1{,}3$), der Flächenbrechwert beträgt −15 dpt.
a) Berechnen Sie die Brennweiten und daraus den Krümmungsradius (mit Skizze der Fläche und Angabe von $\bar{F}$, F', C).
b) Berechnen Sie den Krümmungsradius direkt aus dem Flächenbrechwert.

3 a) Berechnen Sie die Brennweiten der Kugelfläche von Konstruktionsaufgabe AO 4.1.4, 1).
b) Vergleichen Sie die reduzierten Brennweiten.
c) Ermitteln Sie aus den Brennweiten den Krümmungsradius und vergleichen Sie ihn mit dem gegebenen Wert.

4) – 6) Entsprechend Aufgabe 3) für die Kugelflächen der Konstruktionsaufgaben AO 4.1.4, 2) – 4).

AO 4.1.6

1) Eine brechende Kugelfläche hat die Brennweiten $\bar{f} = -7{,}5$ cm; $f' = +5{,}0$ cm.
Konstruieren Sie mit Achsenparallel- und Brennpunktstrahl im Maßstab 1 : 2 das Bild eines 5 cm großen Gegenstandes, der sich
a) 20 cm, **b)** 15 cm, **c)** 10 cm, **d)** 5 cm vor der Fläche befindet.
Überprüfen Sie jeweils das Ergebnis mit dem Mittelpunktstrahl.

2) Eine brechende Kugelfläche hat die Brennweiten $\bar{f} = -5{,}0$ cm, $f' = +6{,}5$ cm.
Konstruieren Sie zu den folgenden Bildpunkten die zugehörigen Dingpunkte:
a) $a' = +13{,}0$ cm $y' = -6{,}0$ cm
b) $a' = -13{,}0$ cm $y' = +6{,}0$ cm
Überprüfen Sie jeweils das Ergebnis mit dem Mittelpunktstrahl.

3) Eine brechende Kugelfläche hat die Brennweiten $\bar{f} = +10$ cm; $f' = -15$ cm.
Konstruieren Sie im Maßstab 1 : 2 das Bild eines 15 cm großen Gegenstandes, der sich **a)** 25 cm, **b)** 12,5 cm, **c)** 5,0 cm vor der Fläche befindet.
Überprüfen Sie jeweils das Ergebnis mit dem Mittelpunktstrahl.

4) Eine brechende Kugelfläche hat die Brennweiten $\bar{f} = +20$ cm, $f' = -26$ cm.
Konstruieren Sie zu den folgenden virtuellen Bildern im Maßstab 1 : 2 den zugehörigen Gegenstand. Überprüfen Sie jeweils das Ergebnis mit dem Mittelpunktstrahl.
a) 4 cm großes Bild 10 cm vor der Kugelfläche.
b) 6 cm großes Bild 5 cm vor der Kugelfläche.

AO 4.1.7

1) Eine brechende Kugelfläche hat den Brechwert +20 dpt, vor der Fläche befindet sich Glas ($n_G = 1{,}5$), dahinter Luft. Berechnen Sie das Bild eines 5 cm großen Gegenstandes, der sich **a)** 20 cm, **b)** 15 cm, **c)** 10 cm, **d)** 5 cm vor der Fläche befindet.

2) Vor einer brechenden Kugelfläche mit dem Krümmungsradius $r = +1{,}5$ cm befindet sich Luft, dahinter Wasser ($n_W = 1{,}3$).
Berechnen Sie zu den folgenden Bildpunkten die zugehörigen Dingpunkte:
a) $a' = +13{,}0$ cm $y' = -6{,}0$ cm
b) $a' = -13{,}0$ cm $y' = +6{,}0$ cm.

3) Vor einer brechenden Kugelfläche mit $r = -5{,}0$ cm befindet sich Luft, dahinter Glas ($n_G = 1{,}5$).
Berechnen Sie das Bild eines 15 cm großen Gegen-

standes, der sich **a)** 25 cm, **b)** 12,5 cm, **c)** 5,0 cm vor der Fläche befindet.

4) Vor einer brechenden Kugelfläche mit den Brennweiten $\bar{f} = +20$ cm, $f' = -26$ cm befindet sich Luft, dahinter Wasser ($n_W = 1{,}3$).
Berechnen Sie zu den folgenden Bildpunkten die zugehörigen Dingpunkte:
a) $a' = -10$ cm $y' = +4$ cm
b) $a' = -5$ cm $y' = +6$ cm.

AO 4.1.8

1) Durch eine brechende Kugelfläche mit den Brennweiten $\bar{f} = -7{,}5$ cm, $f' = +5{,}0$ cm wird ein weit entfernter Gegenstand abgebildet, der unter einem Sehwinkel von 30° erscheint.
a) Konstruieren Sie das Bild (vollständige Bildkonstruktion mit zwei Strahlen und verkürzte Bildkonstruktion).
b) Berechnen Sie die Bildgröße.

2) Wie Aufgabe 1) mit einer Kugelfläche, deren Brennweiten $\bar{f} = +7{,}5$ cm, $f' = -5{,}0$ cm betragen.

3) Eine brechende Kugelfläche hat die Brennweiten $\bar{f} = -5{,}0$ cm, $f' = +7{,}5$ cm.
Es wird ein 60 m großer, 180 m entfernter Gegenstand abgebildet.
a) Konstruieren Sie das Bild (vollständige Bildkonstruktion mit zwei Strahlen und verkürzte Bildkonstruktion).
b) Berechnen Sie die Bildgröße.

4) Wie Aufgabe 3) mit einer Kugelfläche, deren Brennweiten $\bar{f} = +5{,}0$ cm, $f' = -7{,}5$ cm betragen.

AO 4.1.9

1) Ein 2 cm großer Gegenstand befindet sich in der Dingbrennebene einer brechenden Kugelfläche mit den Brennweiten $\bar{f} = -6{,}0$ cm, $f' = +9{,}0$ cm.
a) Konstruieren Sie das Bild.
b) Berechnen Sie den Sehwinkel, unter dem das Bild erscheint.

2) Ein 2 cm großer virtueller Gegenstand befindet sich in der Dingbrennebene einer brechenden Kugelfläche mit den Brennweiten $\bar{f} = +6{,}0$ cm, $f' = -9{,}0$ cm.
a) Konstruieren Sie das Bild.
b) Berechnen Sie den Sehwinkel, unter dem das Bild erscheint.

AO 4.1.10

1) Eine brechende Kugelfläche hat die Brennweiten $\bar{f} = -5{,}0$ cm; $f' = +7{,}5$ cm.
a) Konstruieren Sie das Bild des Achsenpunktes, der sich 12,5 cm vor der Kugelfläche befindet.
b) Konstruieren Sie zu dem Achsenpunkt, der sich 20 cm hinter der Kugelfläche befindet, den zugehörigen Dingpunkt.

2) Eine brechende Kugelfläche hat die Brennweiten $\bar{f} = +5{,}0$ cm; $f' = -7{,}5$ cm.
a) Konstruieren Sie das Bild des Achsenpunktes, der sich 10 cm vor der Kugelfläche befindet.
b) Konstruieren Sie zu dem Achsenpunkt, der sich als virtueller Bildpunkt 5,5 cm vor der Kugelfläche befindet, den zugehörigen Dingpunkt.

AO 4.2.3

1) Durch eine Linse in Luft, deren Brechwert +20 dpt beträgt, wird ein 5 cm großer Gegenstand abgebildet, der sich nacheinander 12,5 cm, 10 cm, 7,5 cm, 2,5 cm vor der Linse befindet.
a) Berechnen Sie die Bilder.
b) Berechnen Sie zu den folgenden Bildpunkten die zugehörigen Dingpunkte:
i) $a' = +12{,}5$ cm $y' = -6{,}0$ cm
ii) $a' = -20{,}0$ cm $y' = +7{,}5$ cm
c) Berechnen Sie die Brennweiten der Linse und konstruieren Sie die Bilder zu a) und die Dingpunkte zu b). Ermitteln Sie aus den Zeichnungen a' und y' bzw. a und y und vergleichen Sie die Werte mit den berechneten.

2) Durch eine Linse in Luft, deren Brechwert −10 dpt beträgt, wird ein 6 cm großer Gegenstand abgebildet, der sich nacheinander 20 cm, 10 cm, 5 cm vor der Linse befindet.

a) Berechnen Sie die Bilder.

b) Berechnen Sie zu den folgenden Bildpunkten die zugehörigen Dingpunkte:

i) $a' = -4$ cm $\quad y' = +3$ cm

ii) $a' = -2$ cm $\quad y' = +4$ cm

c) Berechnen Sie die Brennweiten der Linse und konstruieren Sie die Bilder zu a) und die Dingpunkte zu b). Ermitteln Sie aus den Zeichnungen a' und y' bzw. a und y und vergleichen Sie die Werte mit den berechneten.

3) Vor einer Linse mit dem Brechwert $D = +25$ dpt befindet sich Luft, dahinter Wasser ($n_W = 1{,}3$). Ein 5 cm großer Gegenstand befindet sich nacheinander 10 cm, 8 cm, 6 cm, 2 cm vor der Linse.

a) Berechnen Sie die Bilder.

b) Berechnen Sie die Brennweiten der Linse und konstruieren Sie die Bilder.

4) Eine Linse in Luft erzeugt von einem Gegenstand, der sich 10 cm vor der Linse befindet, 40 cm hinter der Linse ein reelles Bild. Welchen Brechwert hat die Linse?

5) Eine Linse, vor der sich Luft und hinter der sich Wasser ($n_W = 1{,}3$) befindet, erzeugt von einem 25 cm vor der Linse befindlichen Gegenstand 20 cm hinter der Linse ein reelles Bild. Welchen Brechwert hat die Linse?

6) Eine Linse in Luft erzeugt von einem 0,5 cm großen Gegenstand 45 cm hinter der Linse ein 7,5 cm großes umgekehrtes Bild.

a) Wie groß ist die Dingweite?

b) Welchen Brechwert hat die Linse?

7) Eine Linse in Luft hat die Bildbrennweite $f' = +8{,}0$ cm. Sie erzeugt von einem 3 cm großen Gegenstand ein 2 cm großes aufrechtes Bild.
Ermitteln Sie zeichnerisch und rechnerisch die Ding- und die Bildweite.

8) Desgleichen für $f' = -8{,}0$ cm.

AO 4.2.5

1) Drei Linsen aus Kronglas ($n_L = 1{,}5$) in Luft haben einheitlich eine Mittendicke von 10 mm. Für die Krümmungsradien gilt:

a) $r_1 = +2{,}50$ cm $\quad r_2 = -5{,}00$ cm

b) $r_1 = +1{,}75$ cm $\quad r_2 = \infty$

c) $r_1 = +1{,}30$ cm $\quad r_2 = +3{,}75$ cm

Berechnen Sie die Lage der Hauptebenen. Zeichnen Sie im Maßstab 2:1 einen Meridianschnitt der Linsen mit ihren Hauptebenen. Berechnen Sie anhand der Skizze den Hauptebenenabstand h_a.

2) Eine Linse aus Plexiglas ($n_L = 1{,}49$) hat die Krümmungsradien $r_1 = +10$ mm, $r_2 = -6$ mm und die Mittendicke $d = 4$ mm.

a) Berechnen Sie den Brechwert, die Brennweiten und die Lage der Hauptebenen für die Linse in Wasser ($n_W = 1{,}33$).

b) Berechnen Sie die gleichen Größen für die Linse in Luft.

c) Bestimmen Sie zeichnerisch im Maßstab 10:1 die Lage der Brennpunkte und Hauptebenen der Linse in Luft.
Konstruieren Sie dazu mit Hilfe des paraxialen Zweikreisverfahrens den Strahlverlauf eines Ding- und eines Bildachsenparallelstrahls (Brechung der Strahlen an den Scheitelebenen; Radien der „Hilfskreise" jeweils das 5fache der Brechzahlen in cm).

3) Eine durchbogene Flintglaslinse ($n_L = 1{,}7$) in Luft hat die Krümmungsradien $r_1 = +4$ mm, $r_2 = +8$ mm und die Mittendicke $d = 6$ mm.

a) Bestimmen Sie zeichnerisch entsprechend 2c) im Maßstab 10:1 die Lage der Brennpunkte und Hauptebenen. Ermitteln Sie aus der Zeichnung die Brennweiten $\bar{f}$, f' und die Scheitelabstände $\bar{h}$, h' der Hauptebenen.

b) Berechnen Sie die Brennweiten und die Lage der Hauptebenen.

4) Eine Glaskugel ($n_G = 1{,}5$) hat einen Durchmesser von 1 mm. Berechnen Sie Brechwert, Brennweiten und Lage der Hauptebenen für folgende Fälle:

a) die Glaskugel befindet sich allseits in Luft,

b) die Glaskugel taucht mit ihrer Vorderseite in Wasser ($n_W = 1{,}3$) ein.
c) Bestimmen Sie für beide Fälle zeichnerisch entsprechend 2c) im Maßstab 100:1 die Brennpunkte und Hauptebenen (mit Angabe der zeichnerisch ermittelten Brennweiten $\bar{f}$, f' und Scheitelabstände $\bar{h}$, h').

AO 4.2.6

1) Berechnen Sie die fokalen Schnittweiten und Scheitelbrechwerte der durchbogenen Linse von Aufgabe AO 4.2.5, 3).

2) Berechnen Sie die fokalen Schnittweiten und Scheitelbrechwerte der Glaskugel von Aufgabe AO 4.2.5, 4a, b).

AO 4.2.8

1) Eine Sammellinse in Luft hat die Brennweite f' = +5,0 cm und den Hauptebenenabstand h_a = 0,5 cm.
a) Konstruieren Sie das Bild des Achsenpunktes, der sich 12,5 cm vor der Linse befindet.
b) Konstruieren Sie zu dem Achsenpunkt, der sich 20 cm hinter der Linse befindet, den zugehörigen Dingpunkt.

2) Eine Zerstreuungslinse in Luft hat die Brennweite f' = −5,0 cm und den Hauptebenenabstand h_a = 0,5 cm.
a) Konstruieren Sie das Bild des Achsenpunktes, der sich 10 cm vor der Linse befindet.
b) Konstruieren Sie zu dem Achsenpunkt, der sich als virtueller Bildpunkt 2,5 cm vor der Linse befindet, den zugehörigen Dingpunkt.

3) Vor einer Sammellinse mit dem Brechwert D = +20 dpt befindet sich Luft, dahinter Wasser ($n_W = 1{,}3$). Der Hauptebenenabstand h_a beträgt 1 cm.
a) Berechnen Sie die Brennweiten.
b) Konstruieren Sie das Bild des Achsenpunktes, der sich 15 cm vor der Linse befindet.
c) Konstruieren Sie zu dem Achsenpunkt, der sich als virtueller Bildpunkt 4,5 cm vor der Linse befindet, den zugehörigen Dingpunkt.

AO 4.2.9

1) Überprüfen Sie die Bildkonstruktionen der Konstruktionsaufgabe AO 4.2.3 1c) und 2c) mit den Knotenpunktstrahlen.

2) Eine Linse hat die Brennweiten $\bar{f}$ = −6 cm; f' = +9 cm und den Hauptebenenabstand h_a = 1 cm.
a) Berechnen Sie das Bild, das die Linse von einem 40 m großen, 120 m entfernten Gegenstand entwirft.
b) Konstruieren Sie das Bild mit dem Brennpunkt- und dem Knotenpunktstrahl.

3) In der Dingbrennebene der Linse von Aufgabe 2) befindet sich ein 3 cm großer Gegenstand.
a) Berechnen Sie den Sehwinkel, unter dem das weit entfernte Bild erscheint.
b) Konstruieren Sie das Bild mit dem Achsenparallel- und Knotenpunktstrahl.

4) Eine Linse aus Flintglas ($n_L = 1{,}7$) befindet sich in Wasser ($n_W = 1{,}3$). Sie hat die Krümmungsradien r_1 = +10 mm, r_2 = +17,5 mm und die Mittendicke d = 6 mm.
a) Berechnen Sie die Brennweiten der Linsenflächen.
b) Konstruieren Sie im Maßstab 2:1 den Verlauf eines Ding- und eines Bildachsenparallelstrahls (Brechung der Strahlen an den Scheitelebenen, Knotenpunktstrahlen als Hilfsstrahlen). Bestimmen Sie damit die Lage der Hauptebenen.

AO 4.2.11

1) Eine Linse in Luft hat die Brennweite f' = −5 cm. Konstruieren und berechnen Sie das Bild eines 6 cm großen virtuellen Gegenstandes, der sich 10 cm hinter der Linse befindet.

AO 4.2.12

1) Die Linsen eines zweilinsigen Systems in Luft

haben die Brennweiten $f'_1 = +10$ cm und $f'_2 = -10$ cm; ihr Hauptebenenabstand h_{12} beträgt 15 cm.

a) Konstruieren Sie im Maßstab 1:2 die Hauptebenen der theoretischen Ersatzlinse für den Fall, daß der Hauptebenenabstand der einzelnen Linse vernachlässigt werden kann ($h_a = 0$). Bestimmen Sie aus der Zeichnung $\bar{f}$, f', $\bar{h}$, h'.

b) wie a), aber mit einem Hauptebenenabstand der einzelnen Linse $h_a = 2$ cm.

c) Berechnen Sie D, $\bar{f}$, f', $\bar{h}$, h'.

2) 19 cm vor der ersten Linse des Linsensystems von Aufgabe 1) (wahlweise $h_a = 0$ oder 2 cm) befindet sich ein 3 cm großer Gegenstand.

a) Konstruieren Sie im Maßstab 1:2 und berechnen Sie das Systembild (a'_2, y'_2) schrittweise über das Zwischenbild (a'_1, y'_1).

b) Konstruieren und berechnen Sie das Systembild (a', y') mit der theoretischen Ersatzlinse. Rechnen Sie a' in a'_2 um.

3) Die Linsen eines zweilinsigen Systems haben die Brechwerte $D_1 = -10$ dpt und $D_2 = +20$ dpt; ihr Hauptebenenabstand h_{12} beträgt 10 cm, der Hauptebenenabstand h_a der einzelnen Linse 1 cm. Vor der ersten Linse befindet sich Luft; zwischen den Linsen und dahinter Wasser ($n_W = 1{,}3$).

a) Berechnen Sie D, $\bar{f}$, f', $\bar{h}$, h' der theoretischen Ersatzlinse.

b) Berechnen Sie die Brennweiten $\bar{f}_1$, f'_1 der beiden Linsen. Konstruieren Sie im Maßstab 1:2 unter Benutzung von Hilfsstrahlen den Verlauf eines Ding- und eines Bildachsenparallelstrahls. Bestimmen Sie aus der Zeichnung $\bar{h}$ und h'.

4) 5 cm vor der ersten Linse des Linsensystems von Aufgabe 3) befindet sich ein 8 cm großer Gegenstand.

a) Konstruieren und berechnen Sie das Systembild schrittweise über das Zwischenbild.

b) Konstruieren und berechnen Sie das Systembild mit Hilfe der theoretischen Ersatzlinse. Rechnen Sie a' in a'_2 um.

5) Die Linsen eines zweilinsigen Systems in Luft haben die Bildbrennweiten $f'_1 = -2$ cm, $f'_2 = +4$ cm. Der Hauptebenenabstand h_{12} der beiden Linsen beträgt 10 cm, der Hauptebenenabstand h_a der einzelnen Linse 0,5 cm.

a) Konstruieren Sie im Maßstab 1:1 die Systembrennpunkte $\bar{F}$, F' und die Systemhauptpunkte H, H'. Ermitteln Sie aus der Zeichnung die Brennweiten $\bar{f}$, f' und die Hauptebenenscheitelabstände $\bar{h}$, h'.

b) Berechnen Sie $\bar{f}$, f' und $\bar{h}$, h'.

6) Die Linsen eines zweilinsigen Systems haben die Brennweiten $\bar{f}_1 = -5{,}0$ cm, $f'_1 = +6{,}5$ cm, $\bar{f}_2 = +5{,}0$ cm, $f'_2 = -5{,}0$ cm, wobei sich vor der ersten Linse Luft und zwischen den beiden Linsen sowie hinter der zweiten Linse Wasser ($n_W = 1{,}3$) befindet.

Der Hauptebenenabstand h_{12} der beiden Linsen beträgt 8,0 cm, der Hauptebenenabstand h_a der einzelnen Linse 1 cm.

a) Konstruieren Sie die Systembrennpunkte $\bar{F}$, F' und die Systemhauptpunkte H, H'. Ermitteln Sie aus der Zeichnung die Brennweiten $\bar{f}$, f', und die Hauptebenenscheitelabstände $\bar{h}$, h'.

b) Berechnen Sie $\bar{f}$, f' und $\bar{h}$, h'.

7) Die Bildbrennweiten eines zweilinsigen Systems in Luft betragen: $f'_1 = +10{,}0$ cm, $f'_2 = -2{,}0$ cm.

Der Hauptebenenabstand h_{12} der beiden Linsen beträgt 5,0 cm, der Hauptebenenabstand h_a der einzelnen Linse 1 cm.

Durch das Linsensystem wird ein weit entfernter Gegenstand abgebildet, der unter dem Sehwinkel $\sigma = +30°$ erscheint.

a) Konstruieren Sie das Zwischenbild.

b) Konstruieren Sie das Systembild.

8) Die Bildbrennweiten eines zweilinsigen Systems in Luft betragen: $f'_1 = -5$ cm, $f'_2 = +4$ cm.

Der Hauptebenenabstand h_{12} der beiden Linsen beträgt 5 cm, der Hauptebenenabstand h_a der einzelnen Linse 1 cm.

Durch das Linsensystem wird ein 60 m großer, 100 m entfernter Gegenstand abgebildet.

a) Konstruieren Sie das Zwischenbild.

b) Konstruieren Sie das Systembild.

9) Die Linsen eines zweilinsigen Systems in Luft haben die Brechwerte $D_1 = +15$ dpt, $D_2 = -15$ dpt. Der Hauptebenenabstand h_{12} der beiden Linsen beträgt 6 cm.

Ein 2 cm großer Gegenstand befindet sich 10 cm vor der ersten Linse. Berechnen Sie:

a) die Systembrennweiten $\bar{f}$, f',

b) die Scheitelabstände $\bar{h}$, h' der Systemhauptebenen,

c) das Zwischenbild (a'_1, y'_1),

d) das Systembild (a'_2, y'_2),

e) das Systembild (a', y') direkt mit dem Systembrechwert. Rechnen Sie a' in a'_2 um.

10) Die theoretische Ersatzlinse eines zweilinsigen Systems in Luft hat den Brechwert $D = +25$ dpt. Die Hauptebenenscheitelabstände $\bar{h}$, h' betragen +15 cm und +25 cm.

Ein 5 cm großer Gegenstand hat zur ersten Linse die Dingweite $a_1 = -25$ cm.

a) Berechnen Sie die Größe des Systembildes.

b) Berechnen Sie die Bildweite a'_2 des Systembildes zur zweiten Linse.

AO 4.3.2

1) Ein Kugelspiegel hat den Krümmungsradius $r = -10$ cm. Wie groß ist die Brennweite $\bar{f}$ und die Spiegelstärke D? Skizzieren Sie den Kugelspiegel und zeichnen Sie den Brennpunkt F ein.

2) Wie Aufgabe 1) für einen Spiegel mit dem Krümmungsradius $r = +10$ cm.

3) Ein Kugelspiegel hat die Spiegelstärke $D = +25$ dpt. Wie groß ist die Brennweite $\bar{f}$ und der Krümmungsradius r? Skizzieren Sie den Kugelspiegel und zeichnen Sie den Brennpunkt F ein.

4) Wie Aufgabe 3) für $D = -25$ dpt.

AO 4.3.3

1) Ein Kugelspiegel hat den Krümmungsradius $r = -8$ cm.

a) Konstruieren und berechnen Sie die Spiegelbilder eines 5 cm großen Gegenstandes, der sich nacheinander 10 cm, 8 cm, 7 cm, 4 cm, 2 cm vor dem Spiegel befindet.

b) Konstruieren und berechnen Sie zu folgenden Bildpunkten die Dingpunkte

i) $a' = +10{,}0$ cm $y' = -6{,}0$ cm

ii) $a' = -10{,}0$ cm $y' = +7{,}0$ cm

2) Ein Kugelspiegel hat die Spiegelstärke $D = -25$ dpt.

a) Konstruieren und berechnen Sie die Spiegelbilder eines 5 cm großen Gegenstandes, der sich nacheinander 8 cm, 4 cm, 2 cm vor dem Spiegel befindet.

b) Konstruieren und berechnen Sie zu folgenden Bildpunkten die Dingpunkte

i) $a' = -2{,}5$ cm $y' = +1{,}5$ cm

ii) $a' = -10{,}0$ cm $y' = -6{,}0$ cm

3) Konstruieren und berechnen Sie das Bild, das ein Kugelspiegel der Brennweite $\bar{f} = -10$ cm von einem 65 m großen, 80 m entfernten Gegenstand entwirft.

4) Der Krümmungsradius eines Kugelspiegels beträgt $r = +12$ cm. Konstruieren und berechnen Sie das Spiegelbild eines weit entfernten Gegenstandes, dessen Sehwinkel 30° beträgt.

5) Ein Kugelspiegel hat die Spiegelstärke $D = -12{,}5$ dpt. In seiner Brennebene befindet sich ein 1,5 cm großer virtueller Gegenstand. Unter welchem Sehwinkel σ' erscheint das weit entfernte Bild?

6) Ein Kugelspiegel entwirft von einem 3 cm großen Gegenstand in einer Bildweite von 50 cm ein 15 cm großes umgekehrtes reelles Bild. Berechnen Sie die Dingweite und die Spiegelstärke.

3.5 Optische Abbildungen durch astigmatische Linsen (AO 5)

AO 5.1.1

1) Durch eine Linse mit der zylindrischen Wirkung C

= +2,5 dpt, wobei die Zylinderachse in 90° liegt, wird ein Dingpunkt abgebildet, der sich nacheinander i) 1 m, ii) 0,5 m, iii) 0,25 m vor der Linse befindet. Berechnen Sie die Lage der Bildlinien (mit Angabe ihrer Richtung).

2) Durch eine Linse mit der zylindrischen Wirkung C = −2,5 dpt, wobei die Zylinderachse in 0° liegt, wird ein Dingpunkt abgebildet, der sich nacheinander i) 1 m, ii) 0,5 m, iii) 0,25 m vor der Linse befindet. Berechnen Sie die Lage der Bildlinien (mit Angabe ihrer Richtung).

AO 5.1.2

1) Eine Linse hat die zylindrische Wirkung C = +5 dpt, wobei die Zylinderachse in 0° liegt. Berechnen Sie ihre Wirkung in 30°-Abständen für die verschiedenen Richtungswinkel $\varphi = 0°$ bis $\varphi = 180°$. Tragen Sie die berechneten Werte über dem Richtungswinkel φ auf.

2) Wie Aufgabe 1), aber Zylinderachse in 90°.

AO 5.2

1) Eine Linse hat die sphärozylindrische Wirkung S = +3 dpt, C = +2 dpt A0°.

a) Berechnen Sie die Lage der Brennlinien (mit Angabe ihrer Richtung).

b) Durch die Linse wird ein Dingpunkt abgebildet, der nacheinander i) 0,5 m, ii) 0,25 m, iii) 0,20 m, iiii) 0,10 m vor der Linse liegt. Berechnen Sie die Lage der Bildlinien (mit Angabe ihrer Richtung).

2) Eine Linse hat die sphärozylindrische Wirkung S = −3 dpt, C = +2 dpt A0°.

a) Berechnen Sie die Lage der Brennlinien (mit Angabe ihrer Richtung).

b) Durch die Linse wird ein Dingpunkt abgebildet, der sich nacheinander i) 1,0 m, ii) 0,5 m, iii) 0,20 m, iiii) 0,10 m vor der Linse befindet. Berechnen Sie die Lage der Bildlinien (mit Angabe ihrer Richtung).

AO 5.2.1

1) Durch eine Linse mit der sphärozylindrischen Wirkung S = +10 dpt, C = +5 dpt A 90° wird ein weit entfernter Achsenpunkt abgebildet.
a) Berechnen Sie die beiden Bildweiten und zeichnen Sie entsprechend AO, Abb. 5.8 das Grundgerüst des zugehörigen Sturmschen Konoids.
b) Ergänzen Sie das Grundgerüst entsprechend AO, Abb. 5.9 durch zwei horizontale Strahlenbüschel.

2) Durch die Linse von Aufgabe 1) wird ein Dingpunkt abgebildet, der sich 20 cm vor der Linse befindet.
a) Berechnen Sie die neuen Bildweiten und zeichnen Sie entsprechend AO, Abb. 5.10 das Grundgerüst des neuen Sturmschen Konoids (Strecken in Achsenrichtung im Maßstab 1:2 verkleinern).
b) Ergänzen Sie das Grundgerüst entsprechend AO, Abb. 5.10 durch zwei horizontale Strahlenbüschel.

3) Durch eine Linse mit der sphärozylindrischen Wirkung S = +8,0 dpt, C = +4,5 dpt A 0° wird ein weit entfernter Achsenpunkt abgebildet.
a) Berechnen Sie die beiden Bildweiten und zeichnen Sie entsprechend AO, Abb. 5.8 das Grundgerüst des zugehörigen Sturmschen Konoids.
b) Ergänzen Sie das Grundgerüst entsprechend AO, Abb. 5.9 durch zwei horizontale Strahlenbüschel.

4) Durch die Linse von Aufgabe 3) wird ein Dingpunkt abgebildet, der sich 25 cm vor der Linse befindet.
a) Berechnen Sie die neuen Bildweiten und zeichnen Sie entsprechend AO, Abb. 5.10 das Grundgerüst des neuen Sturmschen Konoids (Strecken in Achsenrichtung im Maßstab 1:2 verkleinern).
b) Ergänzen Sie das Grundgerüst entsprechend AO, Abb. 5.10 durch zwei horizontale Strahlenbüschel.

5) Durch eine Linse mit der sphärozylindrischen Wirkung S = +10 dpt, C = +5 dpt A 90° wird ein weit entfernter Achsenpunkt abgebildet. Ermitteln Sie rechnerisch und zeichnerisch den Kreis kleinster Verwirrung.

6) Durch eine Linse mit der sphärozylindrischen Wirkung S = +8,0 dpt, C = +4,5 dpt A 0° wird ein Dingpunkt abgebildet, der sich 25 cm vor der Linse befindet.
Ermitteln Sie rechnerisch und zeichnerisch den Kreis kleinster Verwirrung.

AO 5.3

1) Berechnen Sie die sphärozylindrische Wirkung mit Pluszylinder folgender gekreuzt zylindrischer Kombinationen:
a) C_1 = +2 dpt A 90° ⊃ C_2 = +3 dpt A 0°
b) C_1 = −2 dpt A 45° ⊃ C_2 = +2 dpt A 135°
c) C_1 = +2 dpt A 0° ⊃ C_2 = +2 dpt A 90°
d) C_1 = +0,25 dpt A 170° ⊃ C_2 = −0,25 dpt A 80°

2) Rechnen Sie die folgenden sphärozylindrischen Kombinationen mit Minuszylinder in solche mit Pluszylinder um:
a) sph −7,25 cyl −1,75 A 65°
b) sph +1,25 cyl −1,75 A 135°
c) sph +1,75 cyl −1,75 A 170°
d) sph +5,50 cyl −1,75 A 160°

3) Rechnen Sie die folgenden sphärozylindrischen Kombinationen in gekreuzt zylindrische Kombinationen um:
a) sph +4,50 cyl +2,25 A 60°
b) sph −8,50 cyl +1,75 A 35°
c) sph +2,50 cyl −1,50 A 90°
d) sph +0,25 cyl −0,50 A 5°

4) Berechnen Sie die Lage des Kreises kleinster Verwirrung für die Abbildung eines weit entfernten Gegenstandes
a) durch die sphärozylindrische Kombination sph +4,5 cyl −1,5 A 135° und
b) wenn die sphärozylindrische Kombination sph −0,25 cyl +0,5 A 45° hinzukommt.

AO 5.4.1

1) Ermitteln Sie die Wirkung folgender schief gekreuzter zylindrischer Kombinationen aus der zugehörigen D-Kurve ($D = D_1 + D_2$ zwischen $\varphi = 0°$ und $\varphi = 180°$ in Abständen von 30° berechnen).
a) cyl +1,0 A 0° ⊃ cyl +1,0 A 45°
b) cyl +2,5 A 30° ⊃ cyl +3,5 A 60°

AO 5.4.2

1) Ermitteln Sie mit der Zeigerdarstellung die sphärozylindrische Wirkung mit Pluszylinder folgender schief gekreuzter Kombinationen:
a) cyl +1,0 A 0° ⊃ cyl +1,0 A 45°
b) cyl +2,5 A 30° ⊃ cyl +3,5 A 60°
c) sph +5,0 cyl +2,0 A 30° ⊃ cyl −4,0 A 150°
d) cyl +1,5 A 30° ⊃ cyl +2,5 A 150°
e) sph +1 cyl −3 A 30° ⊃ sph +2 cyl +1 A 45°
f) sph −2 cyl −2,0 A 130° ⊃ sph +2 cyl −4 A 50°

2) Berechnen Sie die sphärozylindrischen Wirkungen der schief gekreuzten Kombinationen von Aufgabe 1).

AO 5.4.3

1) Ermitteln Sie zeichnerisch und berechnen Sie die sphärozylindrische Wirkung mit Minuszylinder der Kombination schief gekreuzter Zylinder:
cyl +2,5 A 45° ⊃ cyl −2,5 A 50°

2) Wie Aufgabe 1) für:
cyl +4,0 A 135° ⊃ cyl −4,0 A 130°

3.6 Bündelbegrenzung (AO 6)

AO 6.1.1

1) 10 cm vor einer Linse in Luft mit der Brennweite f' = −5 cm und einem Hauptebenenabstand von 0,5 cm befindet sich eine 6 cm große Blendenöffnung.
Konstruieren und berechnen Sie das bildseitige Blendenbild.

2) Eine Sammellinse in Luft hat einen Brechwert von 20 dpt und einen Hauptebenenabstand von 1 cm.

Konstruieren und berechnen Sie das dingseitige Blendenbild, wenn sich

a) eine 4 cm große Blende 10 cm hinter der Linse befindet,

b) eine 2 cm große Blende 2,5 cm hinter der Linse befindet.

3) 8 cm hinter einer Linse in Luft mit der Brennweite $f' = -10$ cm befindet sich eine 6 cm große Blende. Konstruieren und berechnen Sie das dingseitige Blendenbild.

4) Eine Sammellinse hat einen Brechwert von 25 dpt; der Hauptebenenabstand beträgt 0,5 cm. Vor der Linse befindet sich Luft, dahinter Wasser ($n_W = 1{,}3$). Konstruieren und berechnen Sie das dingseitige Blendenbild einer 2 cm großen Blendenöffnung, die sich **a)** 10 cm, **b)** 3,5 cm hinter der Linse befindet.

AO 6.2

1) Die Linsen eines zweilinsigen Systems in Luft haben die Brennweiten $f'_1 = +5$ cm und $f'_2 = +2{,}5$ cm; ihr Hauptebenenabstand h_a beträgt jeweils 0,5 cm. Die freien Linsenöffnungen haben einheitlich einen Durchmesser von 6 cm. Die Linsen sind so angeordnet, daß sich der Dingbrennpunkt der 2. Linse $\bar{F}_2$ im Bildbrennpunkt der 1. Linse F'_1 befindet.

a) Zeichnen Sie den zentralen Öffnungsstrahlengang für die Abbildung eines weit entfernten Gegenstandes.

b) Zeichnen Sie den schiefen Öffnungsstrahlengang für die Abbildung eines weit entfernten Dingpunktes, der in einem Sehwinkel von 10° liegt.

c) Zeichnen Sie das gleiche für einen Sehwinkel von 15°. Was ergibt sich dabei?

2) Die Linsen eines zweilinsigen Systems in Luft haben einheitlich die Bildbrennweite $f' = 2{,}5$ cm und einen Hauptebenenabstand $h_a = 0{,}5$ cm. Die freien Linsenöffnungen haben einheitlich einen Durchmesser von 8 cm. Die Linsen sind so angeordnet, daß der Dingbrennpunkt der 2. Linse $\bar{F}_2$ 5 cm hinter dem Bildbrennpunkt der 1. Linse F'_1 liegt. In den Brennebenen durch F'_1 und $\bar{F}_2$ befinden sich Blenden mit einem Durchmesser von jeweils 4 cm.

a) Ermitteln Sie den Achsendingpunkt O, der durch die 1. Linse nach $\bar{F}_2$ abgebildet wird.

b) Ermitteln Sie schrittweise den zu O gehörenden zentralen Öffnungsstrahlengang, indem die verschiedenen Linsen- und Blendenöffnungen versuchsweise als Aperturblenden benutzt werden.

c) Konstruieren Sie das Zwischenbild G', das die 1. Linse von einem Dingpunkt G entwirft, der in der Dingebene durch O einen Achsenabstand $y = 5$ mm hat. Zeichnen Sie mit Hilfe von G' den schiefen Öffnungsstrahlengang für die Abbildung von G. Wird das schiefe Öffnungsstrahlenbüschel zusätzlich durch eine andere als die Aperturblende beschnitten?

d) Desgleichen für $y = 10$ mm.

e) Desgleichen für $y = 15$ mm.

AO 6.4

1) Bei dem Linsensystem von Aufgabe AO 6.2, 1) hatte sich für die Abbildung eines weit entfernten Gegenstandes die Linsenöffnung der 1. Linse als Aperturblende ergeben.

a) Zeichnen Sie den zugehörigen Hauptstrahlengang.

b) Ermitteln Sie zeichnerisch und rechnerisch den Gesichtsfeldwinkel 2w.

c) Berechnen Sie damit die Ausdehnung des Gesichtsfeldes für einen Abstand von 1000 m.

2) Bei dem Linsensystem von Aufgabe AO 6.2, 2) hatte sich für die Abbildung eines nahen Gegenstandes die Blende in F'_1 als Aperturblende ergeben.

a) Zeichnen Sie den zugehörigen Hauptstrahlengang.

b) Ermitteln Sie damit die Ausdehnung des Gesichtsfeldes in der Dingebene.

3.7 Optische Instrumente (AO 8)

AO 8.1

1 a) Konstruieren Sie im Maßstab 2:1 das Netzhaut-

bild, das das nahakkommodierte Normalauge (Zeichenschablone) von einem 2 cm großen Gegenstand erzeugt, der sich in der Bezugssehweite $a_0 = -10$ cm befindet (wahlweise unter Vernachlässigung oder mit Berücksichtigung der Brechung des Hauptpunktstrahls).
Zeichnen Sie für den obersten Dingpunkt das schiefe Öffnungsstrahlenbüschel ein (Pupillenweite 5 mm; Pupille als Aperturblende vereinfachend in der Dinghauptebene H_A des Auges annehmen).
b) Konstruieren Sie im Maßstab 2:1 das Netzhautbild, das sich vom gleichen Gegenstand unter Benutzung einer Lupe ergibt (wieder wahlweise unter Vernachlässigung oder mit Berücksichtigung der Brechung des Hauptpunktstrahls des Auges).
Die Lupenbrennweite beträgt $f'_L = +5{,}0$ cm. Der Gegenstand befindet sich in der Dingweite $a = -2{,}5$ cm vor der Lupe; der Hauptebenenabstand $\bar{e}$ der Lupe zum Auge beträgt 2,5 cm.
Zeichnen Sie wieder das schiefe Öffnungsstrahlenbüschel ein.
c) Bestimmen Sie aus der Größe der ermittelten Netzhautbilder für die Bezugssehweite $a_0 = -10$ cm die Lupenvergrößerung.
d) Bestimmen Sie aus Zeichnung b) den Abbildungsmaßstab β' der Lupenabbildung und die Entfernung a_E des Lupenbildes vom Auge.
Welche Lupenvergrößerung ergibt sich mit diesen Werten und $a_0 = -10$ cm?

AO 8.2.1

1 a) Wie groß ist die Normalvergrößerung einer Lupe, deren Brechwert 40 dpt beträgt, für die Bezugssehweiten -10 cm, -25 cm und -40 cm?
b) Das Auge soll sich bei a) dicht hinter der Lupe befinden. In welchem Abstand zur Lupe muß sich der Gegenstand befinden, damit sich die berechneten Normalvergrößerungen ergeben?
c) Wie müßte bei beliebigem Abstand des Gegenstandes zur Lupe der Hauptebenenabstand Lupe–Auge sein, damit sich die berechneten Normalvergrößerungen ergeben?

2) Ein 2 cm großer Gegenstand befindet sich nacheinander i) 1 cm, ii) 2 cm vor einer Lupe mit der Brennweite $f'_L = +5$ cm. Der Hauptebenenabstand Lupe–Auge beträgt 5 cm.
a) Ermitteln Sie zeichnerisch im Maßstab 2:1 die Netzhautbilder, die das auf die Lupenbilder akkommodierte Normalauge (Zeichenschablone) davon entwirft (wahlweise unter Vernachlässigung oder mit Berücksichtigung der Brechung des Hauptpunktstrahls).
b) Zeichnen Sie in a) jeweils das Strahlenbüschel mit ein, das bei der Abbildung des obersten Dingpunktes durch die Eintrittspupille des Auges (Durchmesser 5 mm) bestimmt wird (EP vereinfachend am Ort der Hauptebene H_A annehmen).

3) Ein 2 cm großer Gegenstand befindet sich im Dingbrennpunkt einer Lupe mit der Brennweite $f'_L = +2{,}5$ cm. Der Hauptebenenabstand Lupe–Auge beträgt i) 1,5 cm, ii) 3 cm.
Fertigen Sie Zeichnungen entsprechend 2a) und b) an.

AO 8.2.2

1) Der Brechwert einer Lupe beträgt 17,5 dpt, ihr Hauptebenenabstand zum Auge 10 cm. Das Lupenbild ergibt sich in einer Akkommodationsentfernung von -30 cm zum Auge. Wie groß ist für eine Bezugssehweite von -25 cm die Lupenvergrößerung?

2) Mit einer Lupe wird ein Gegenstand betrachtet, der sich 10 cm vor der Lupe befindet. Der Brechwert der Lupe beträgt 20 dpt, ihr Hauptebenenabstand zum Auge 2,5 cm. Welche Vergrößerung ergibt sich für eine Bezugssehweite von -25 cm?

3) Der Brechwert einer Lupe beträgt 20 dpt; der Hauptebenenabstand Lupe–Auge 2,5 cm. Für welche Akkommodationsentfernung ergibt sich bei einer Bezugssehweite von -25 cm eine Lupenvergrößerung von 5,5?

4) Welchen Brechwert muß eine Lupe haben, damit sich bei dem Hauptebenenabstand zum Auge $\bar{e} = 15$ cm, der Bezugssehweite $a_0 = -25$ cm und dem

Abstand des Gegenstandes zur Lupe $a = -2{,}4$ cm eine 8,3fache Vergrößerung ergibt?

5) Mit einer Lupe, deren Brechwert 25 dpt beträgt, wird bei einem Hauptebenenabstand Lupe-Auge von 10 cm und einer Bezugssehweite von −25 cm eine 6fache Vergrößerung erreicht. In welchem Abstand zur Lupe befindet sich der Gegenstand?

6) Ein Gegenstand wird mit einer Lupe betrachtet, deren Brechwert 12,5 dpt beträgt. Die Lupe befindet sich 5 cm vor dem Auge.

a) In welchem Abstand zur Lupe muß der Gegenstand gehalten werden, damit sich das Lupenbild in einer Akkommodationsentfernung von −40 cm zum Auge ergibt?

b) Welche Vergrößerung ergibt sich für eine Bezugssehweite von −25 cm?

7) Ein Gegenstand befindet sich 5 cm vor einer Lupe, deren Brechwert 15 dpt beträgt. Die Lupe befindet sich 10 cm vor dem Auge.

a) Welche Vergrößerung ergibt sich für eine Bezugssehweite von −25 cm?

b) In welcher Akkommodationsentfernung ergibt sich das Lupenbild?

c) Welcher Abbildungsmaßstab ergibt sich für die Lupenabbildung?

8) Wird beim Betrachten eines Gegenstandes, der sich in einer Bezugssehweite von −30 cm zum Auge befindet, bei unveränderter Lage des Gegenstandes zum Auge eine Lupe benutzt, dann ergibt sich 2fache Vergrößerung. Die Lupe wird dabei so gehalten, daß sie sich 5 cm hinter dem Gegenstand befindet.

a) Welchen Brechwert hat die Lupe?

b) Wie groß ist die Akkommodationsentfernung des Lupenbildes?

c) Wie groß ist der Abbildungsmaßstab der Lupenabbildung?

9) Es soll mit einer Lupe, deren Brechwert 15 dpt beträgt, für eine Bezugssehweite von −25 cm eine 3fache Vergrößerung erreicht werden. Die Akkommodationsentfernung soll −0,5 m betragen.

a) In welchem Abstand zum Auge muß sich die Lupe befinden?

b) Wie groß muß der Abbildungsmaßstab der Lupenvergrößerung sein?

c) In welchem Abstand zur Lupe muß sich der Gegenstand befinden?

AO 8.2.3

1) Eine Lupe, deren Brechwert 20 dpt beträgt, befindet sich im Hauptebenenabstand $\bar{e} = 3$ cm zum Auge. Der Gegenstand befindet sich 2 cm vor der Lupe. Der Scheibendurchmesser der Lupe beträgt 4 cm, die Pupillenweite des Auges 6 mm.

a) Konstruieren Sie im Maßstab 2:1 den zentralen Öffnungsstrahlengang für die Abbildung des Gegenstandes durch die Lupe und das auf das Lupenbild akkommodierte Auge (Pupille vereinfachend in H_A annehmen).

b) Konstruieren Sie entsprechend den Hauptstrahlengang und bestimmen Sie aus der Zeichnung für die Ebene, in der sich der Gegenstand befindet, die Größe des Gesichtsfeldes.

AO 8.2.4

1) Eine Lupe, deren Brechwert 10 dpt beträgt, befindet sich dicht vor dem Auge, so daß $\bar{e} = 0$ gesetzt werden kann. Das Auge ist +5 dpt übersichtig.

a) Wie groß ist die Normalvergrößerung der Lupe für eine Bezugssehweite von −25 cm?

b) In welchem Abstand zur Lupe muß der Gegenstand gehalten werden, damit das Lupenbild im Fernpunkt des unkorrigierten Auges entsteht?

c) Welche Vergrößerung ergibt sich dabei für eine Bezugssehweite von −25 cm?

2) Wie Aufgabe 1), aber für ein −5 dpt kurzsichtiges Auge.

3) Eine Lupe mit einem Brechwert von +10 dpt wird in einem Hauptebenenabstand von 20 cm zum Auge gehalten. Das Auge ist +5 dpt übersichtig.

a) In welchem Abstand zur Lupe muß sich der

Gegenstand befinden, damit das Lupenbild im Fernpunkt des unkorrigierten Auges entsteht?

b) Wie groß ist dabei die Vergrößerung für eine Bezugssehweite von −25 cm?

4) Wie Aufgabe 3), aber für ein −5 dpt kurzsichtiges Auge. Erklären Sie das Zustandekommen der Vergrößerung.

5) Ein unkorrigierter Hyperop mit einer Fernpunktrefraktion von +2 dpt benutzt eine Lupe, deren Bildbrennweite +12,5 cm beträgt. Die Lupe befindet sich dicht vor dem Auge.

a) Welche Normalvergrößerung hat die Lupe?

b) Welcher Akkommodationsaufwand ist nötig, damit sich die Normalvergrößerung ergibt?

c) Welche Lupenvergrößerung ergibt sich mit dem fernakkommodierten Auge?

6) Wie Aufgabe 5) für einen unkorrigierten Myopen mit einer Fernpunktrefraktion von −2 dpt.

7) Ein unkorrigierter Hyperop mit einer Fernpunktrefraktion von +2 dpt benutzt eine Lupe mit einem Brechwert von +12,5 dpt in 16 cm Abstand zum Auge.

a) Welche Normalvergrößerung hat die Lupe?

b) Welcher Akkommodationsaufwand ist nötig, damit sich die Normalvergrößerung ergibt?

c) Welche Lupenvergrößerung ergibt sich mit dem fernakkommodierten Auge?

8) Wie Aufgabe 7) für einen unkorrigierten Myopen mit einer Fernpunktrefraktion von −2 dpt.

AO 8.2.6

1) Eine Visolettlupe aus Kronglas ($n_G = 1{,}5$) hat den Scheibendurchmesser $\varnothing = 9$ cm. Es wird ein 4 cm großer Gegenstand abgebildet, der sich unmittelbar vor der planen Fläche befindet.
Das auf das Lupenbild akkommodierte Normalauge (Zeichenschablone) befindet sich im Hauptebenenabstand $\bar{e} = 10$ cm hinter der Lupe.

a) Zeichnen Sie im Maßstab 1:1 die Visolettlupe einschließlich der Hauptebenen und Brennpunkte.

b) Konstruieren Sie das Lupenbild.

c) Konstruieren Sie davon das Netzhautbild (wahlweise ohne oder mit Brechung des Hauptstrahls).

d) Berechnen Sie die Lupenvergrößerung für die Bezugssehweite −25 cm.

AO 8.2.7

1) Die Linsen einer Brückeschen Lupe haben die Brechwerte +20 dpt und −20 dpt. Der Dinghauptpunkt der Zerstreuungslinse befindet sich im Bildbrennpunkt der Sammellinse.
Die Lupe soll bei einer Bezugssehweite von −25 cm eine 4,5fache Vergrößerung ergeben mit dem Lupenbild in der Akkommodationsentfernung $a_E = -20$ cm.
Berechnen Sie mit Hilfe der theoretischen Ersatzlinse des zweilinsigen Systems als Lupe

a) den Abstand, den das Auge von der 2. Linse haben muß und

b) den Abstand, den der Gegenstand von der 1. Linse haben muß.

c) Bei unveränderter Lage des Auges wird die Zerstreuungslinse herausgenommen. Berechnen Sie die Lage des Gegenstandes, bei der sich wieder die Akkommodationsentfernung $a_E = -20$ cm des Lupenbildes ergibt. Welche Vergrößerung hat die Lupe jetzt?

AO 8.3

1) Berechnen Sie mit den Lösungen von Aufgabe AO 4.2.5, 4) für das einfache Mikroskop aus einer Glaskugel ($n_G = 1{,}5$) mit einem Durchmesser von 1 mm

a) die Normalvergrößerung, wenn sich die Glaskugel allseits in Luft befindet (Bezugssehweite $a_0 = -25$ cm). Welchen Abstand muß dabei der Gegenstand vom dingseitigen Scheitelpunkt haben, wenn sich das Auge dicht hinter der Glaskugel befindet?

b) Desgleichen für die mit der Vorderseite in Wasser eingetauchte Glaskugel.

AO 8.3.1

1) Das Objektiv eines Mikroskops hat den Brechwert

$D_1 = +25$ dpt, das Okular den Brechwert $D_2 = +10$ dpt. Die optische Tubuslänge beträgt 16 cm.

a) Konstruieren Sie zu einem 4 cm großen Zwischenbild den zugehörigen Gegenstand und das Lupenbild, das das Okular im Unendlichen erzeugt.

b) Berechnen Sie die Mikroskopvergrößerung. Wie setzt sie sich aus Abbildungsmaßstab des Objektivs und Lupenvergrößerung des Okulars zusammen?

2) Ein Mikroskopobjektiv hat die Brennweite $f'_1 = 1{,}6$ cm. Die Tubuslänge beträgt 16 cm. Wie groß ist bei Scharfeinstellung die Dingweite des Gegenstandes zum Objektiv?

AO 8.4.2

1) Objektiv und Okular eines auf unendlich eingestellten Keplerschen Fernrohres haben die Brennweiten $f'_1 = +10$ cm, $f'_2 = +4$ cm. Der Hauptebenenabstand h_a beträgt jeweils 1 cm.

a) Zeichnen Sie im Maßstab 1:1 die Anordnung der Hauptebenen von Objektiv und Okular.

b) Ein weit entfernter Gegenstand, der unter einem Sehwinkel von 15° erscheint, wird durch das Fernrohr abgebildet. Konstruieren Sie den Sehwinkel σ', unter dem das Fernrohrbild erscheint. Zeichnen Sie das Strahlenbüschel, das durch die Objektivöffnung von 2 cm bestimmt wird.

c) Welche Vergrößerung ergibt sich aus der Zeichnung?

2) Wie Aufgabe 1) für ein Galileisches Fernrohr mit $D_1 = +10$ dpt und $D_2 = -25$ dpt.

3) Ein Keplersches Fernrohr hat die Vergrößerung $\Gamma' = -8$ und die optische Fernrohrlänge $l = 13{,}5$ cm. Welche Brechwerte haben Objektiv und Okular?

4) Desgleichen für ein Galileisches Fernrohr mit $\Gamma' = 2{,}5$ und $l = 6$ cm.

AO 8.4.3

1) Objektiv und Okular eines Keplerschen Fernrohres haben die Brechwerte $D_1 = +10$ dpt, $D_2 = +25$ dpt. Der Hauptebenenabstand h_a beträgt jeweils 1 cm. Die Objektivöffnung als Aperturblende des Fernrohres hat einen Durchmesser von 4 cm.

a) Ermitteln Sie zeichnerisch mit Hilfe von zwei Dingbrennpunktstrahlen die Größe der Austrittspupille.

b) Ermitteln Sie mit zwei zusätzlichen Achsenparallelstrahlen die Lage der Austrittspupille.

c) Berechnen Sie Lage und Größe der Austrittspupille.

2) Wie Aufgabe 1) für ein Galileisches Fernrohr mit $D_1 = +10$ dpt, $D_2 = -25$ dpt.

AO 8.4.5

1) Berechnen Sie für die Ferngläser:
8x20, 8x30, 8x50, 10x20, 10x60, 15x60

a) die Austrittspupille,

b) die geometrische Lichtstärke,

c) die Dämmerungszahl,

d) die freihändige Fernrohrleistung für Tages- und Dämmerungssehen. Welche der aufgeführten Ferngläser haben eine größere Dämmerungs- als Tagesleistung?

AO 8.4.6

1) Das Objektiv eines Keplerschen Fernrohres hat den Brechwert 12,5 dpt, das Okular 100 dpt. Der maximal mögliche Fernrohrauszug beträgt 2 mm.

a) Auf welche kleinste Entfernung kann das Fernrohr eingestellt werden?

b) Wo liegt das Bild, das das Okular von einem Zwischenbild erzeugt, das 0,1 mm hinter $\overline{F}_2$ liegt?

c) Wo liegt der zugehörige Gegenstand, wenn das Fernrohr auf unendlich eingestellt ist (das heißt, wenn $\overline{F}_2 = F'_1$ gilt)?

AO 8.4.7

1) Ein Keplersches Fernrohr hat die Brennweiten $f'_1 = 15$ cm, $f'_2 = +1{,}25$ cm.

a) Welche Okularverschiebung in mm ist nötig, damit

ein +2 dpt übersichtiges Auge im fernakkommodierten Zustand einen unendlich weit entfernten Gegenstand scharf sehen kann (mit Angabe der Richtung der Verschiebung)?

b) In welchem Abstand zu $\overline{F}_2$ liegt das Zwischenbild, das ein −2 dpt kurzsichtiges Auge im fernakkommodierten Zustand scharf sieht?

c) Wie weit entfernt ist der zugehörige Gegenstand, wenn das Fernrohr auf unendlich eingestellt ist und keine Okularverschiebung vorgenommen wurde (das heißt, wenn $\overline{F}_2 = F'_1$ gilt)?

AO 8.4.8

1) Ein Keplersches Fernrohr 10 x 20 hat eine optische Fernrohrlänge von 12 cm; Objektiv- und Okularöffnung sind gleich groß. Die Eintrittspupille des Auges befindet sich am Ort der Austrittspupille des Fernrohres.

a) Berechnen Sie den halben Gesichtsfeldwinkel w und das Gesichtsfeld in 1000 m und in 30 m Entfernung.

b) Wie groß muß die Eintrittspupille des Auges mindestens sein, damit die Objektivöffnung des Fernrohres Aperturblende bleibt?

2) Ein Galileisches Fernrohr 2,5 x 20 hat eine optische Fernrohrlänge von 4,5 cm. Wie groß ist der halbe Gesichtsfeldwinkel w und das Gesichtsfeld in 30 m Entfernung?

3) Objektiv und Okular eines auf unendlich eingestellten Keplerschen Fernrohres haben die Brennweiten $f'_1 = +25$ mm, $f'_2 = +5$ mm. Der Durchmesser der Objektivöffnung beträgt 20 mm, der der Okularöffnung 6 mm. Die Eintrittspupille des Auges hat einen Durchmesser von 5 mm und befindet sich am Ort der Austrittspupille des Fernrohres.

a) Berechnen Sie die Größe der Austrittspupille des Fernrohres. Welche der drei Blenden müßte danach Aperturblende sein?

b) Überprüfen Sie das Ergebnis mit dem zentralen Öffnungsstrahlengang (Maßstab 4:1).

c) Zeichnen Sie den Hauptstrahlengang (Maßstab 4:1). Ermitteln Sie aus der Zeichnung den halben Gesichtsfeldwinkel w und überprüfen Sie das Ergebnis durch Berechnung von w.

d) Berechnen Sie das Gesichtsfeld für eine Entfernung von 1000 m.

AO 8.4.9

1) Objektiv und Okular eines auf unendlich eingestellten Keplerschen Fernrohres haben die Brennweiten $f'_1 = +10$ cm, $f'_2 = +5$ cm.
Die Objektivöffnung (Durchmesser 4 cm) ist Aperturblende. Im Bildbrennpunkt F'_1 befindet sich eine Gesichtsfeldblende (Durchmesser 2 cm).
Die Linsen haben einen einheitlichen Hauptebenenabstand h_a von 0,5 cm. Das Fernrohr ist auf unendlich eingestellt.

a) Zeichnen Sie den Hauptstrahlengang. Welchen Mindestdurchmesser muß das Okular haben, damit es nicht zur Gesichtsfeldblende wird?
Bestimmen Sie aus der Zeichnung den halben Gesichtsfeldwinkel w und berechnen Sie damit die Ausdehnung des Gesichtsfeldes für einen Abstand von 1000 m.

b) Zeichnen Sie den schiefen Öffnungsstrahlengang für die Abbildung des Randpunktes des weit entfernten Gesichtsfeldes. Welcher Mindestdurchmesser des Okulars ist notwendig, damit keine Vignettierung auftritt?

c) Am Ort der Gesichtsfeldblende wird eine Feldlinse eingefügt (Dinghauptpunkt H_F in F'_1, Hauptebenenabstand $h_a = 10$ mm und Bildbrennweite $f'_F = +4$ cm). Das Fernrohr wird wieder auf unendlich eingestellt ($\overline{F}_2 = H'_F$).
Zeichnen Sie den neuen schiefen Öffnungsstrahlengang für die Abbildung des Randpunktes des weit entfernten Gesichtsfeldes. Welchen Mindestdurchmesser muß jetzt das Okular haben, damit keine Vignettierung auftritt?

AO 8.6.1

1) Die Abbildungslinse eines Scheitelbrechwertmessers hat die Brennweite $f' = +3$ cm; das Beobachtungsfernrohr die Objektiv- und Okularbrennweiten $f'_1 = +2$ cm, $f'_2 = +1$ cm. Das Beobachterauge ist rechtsichtig.

a) Zeichnen Sie den Öffnungsstrahlengang für die Abbildung des Achsenpunktes der Testmarke durch den Scheitelbrechwertmesser ohne eingelegtes Brillenglas (Fernrohrobjektiv als Aperturblende, Durchmesser 2 cm; Beobachtungsfernrohr auf unendlich eingestellt; Beobachterauge fernakkommodiert).

b) Zeichnen Sie den entsprechenden Öffnungsstrahlengang mit eingelegtem Brillenglas sph +20,0. Ermitteln Sie aus der Zeichnung und berechnen Sie die notwendige Testmarkenverschiebung.

c) Wie b) mit dem Brillenglas sph −20,0.

2) Beim Messen mit unkorrigiertem fehlsichtigem Auge muß sich das Fernrohrokular mit seinem Dingbrennpunkt $\bar{F}_2$ einmal 2 mm hinter F'_1, ein andermal 2 mm vor F'_1 befinden, damit die dort angebrachte Strichplatte scharf gesehen werden kann.

Zeichnen Sie im Maßstab 5 : 1 die zentralen Öffnungsstrahlengänge durch das Beobachtungsfernrohr, die sich ergeben, wenn die Testmarke wie bei den Strahlengängen von Aufgabe 1) nach F'_1 abgebildet wird.

4. Lösungen

4.1 Lichtquellen und Lichtausbreitung (AO 1)

AO 1.5.1

1) 390 000 km
2) 2 100 s = 35 Minuten
3) 9 461 Milliarden Kilometer
4) 500 s = 8,3 Minuten
5a) c = 0,33 km/s **b)** s = 1 km

AO 1.6.1

1) 0,94 m
2) 3,4 m bis 3,0 m
3) 66 667 Hz = 66,7 kHz
4a) 2,2 m/s
4b) Die Ausbreitungsgeschwindigkeit wird kleiner.
5a) 6,1 s **b)** 11 m
6) 375 000 Milliarden

AO 1.7.1

1) $\alpha = 0{,}41$ oder 41%
2a) $\tau = 0{,}32$ **b)** $\tau = 0{,}32$
3) der 0,00098te Teil oder aufgerundet 1‰

4.2 Reflexion des Lichtes (AO 2)

AO 2.4

1) entsprechend AO Abb. 2.8

AO 2.5.3

1) entsprechend AO Abb. 2.12

AO 2.5.4

1) entsprechend AO Abb. 2.17
2) entsprechend AO Abb. 2.18

AO 2.6

1) Entsprechend AO Abb. 2.19 ergeben sich bei symmetrischer Lage von G für 70° sechs, für 60° fünf, für 50° acht Spiegelbilder, bei unsymmetrischer Lage fünf, fünf, sieben Spiegelbilder.

2a) Entsprechend AO Abb. 2.19 ergeben sich vier Spiegelbilder.

AO 2.6.2

1) und **2)** entsprechend AO Abb. 2.22

AO 2.7

1a) entsprechend AO Abb. 2.24
1b) Der Strahl wird in sich reflektiert.

4.3 Brechung (Refraktion) des Lichtes (AO 3)

AO 3.4

1) und **2)** entsprechend AO Abb. 3.5
3) $\varepsilon' = 19{,}5°$ $\delta = -10{,}5°$
4) $\varepsilon' = 25{,}7°$ $\delta = -4{,}3°$
5) $\varepsilon' = 70{,}9°$ $\delta = +15{,}9°$
6) $\varepsilon = 41{,}8°$ $\delta = +18{,}2°$
7) $\varepsilon = 50{,}3°$

AO 3.5.1

1) G' ist bei schräger Betrachtung 4,8 cm angehoben und 4,2 cm seitlich verschoben (zum Beobachter hin); bei weniger schräger Betrachtung 2,5 cm angehoben und 0,7 cm seitlich verschoben.

AO 3.6

1) $\varepsilon_G = 60°$
2a) $\varepsilon_G = 42°$
2b) Der Strahl wird totalreflektiert.
3a) $\varepsilon_G = 50°$

3b) Der Strahl wird totalreflektiert.
4) n = 1,74

AO 3.7.1

1) p = −5,1 cm
2) $\varepsilon'_1 = -19{,}5°$ $\delta = +10{,}5°$ d = 12,9 cm

AO 3.7.2

1a) $\Delta a = 8{,}2$ cm **b)** $\Delta a = 4{,}7$ cm
2) n = 1,71

AO 3.7.4

1) Der Strahl tritt unter einem Winkel von 22,6° aus der Platte wieder aus. Die Strahlablenkung beträgt −7,4°.

2) Wie bei Aufgabe 1) tritt der Strahl unter einem Winkel von 22,6° aus der Platte wieder aus. Damit beträgt die Strahlablenkung unverändert −7,4°.
Das Ergebnis ist unabhängig davon, ob sich Luft zwischen den Platten befindet oder nicht. (Ein Unterschied ergibt sich lediglich in der Intensität des reflektierten Lichtes: Wenn sich Luft zwischen den Platten befindet, wird mehr Licht an den inneren Grenzflächen reflektiert als ohne Luft.)

AO 3.8.1

	ε_1	ε'_2	δ
1a)	+75°	−31°	−46°
1b)	+60°	−39°	−39°
1c)	+45°	−52°	−37°
1d)	+30°	−77°	−47°

Bei **e)** und **f)** wird der Strahl an der Prismenrückseite totalreflektiert. Er tritt dann an der Unterseite unter dem Winkel ε'_3 aus:

	ε_1	ε'_3	δ
1e)	+15°	−15°	−90°
1 f)	0°	0°	−60°

	ε_1	ε'_2	δ
2a)	+75°	3°	−27°
2b)	+60°	−5°	−20°
2c)	+45°	−16°	−16°
2d)	+30°	−30°	−15°
2e)	+15°	−46°	−16°
2 f)	0°	−68°	−23°

AO 3.8.2

	ε'_1	ε_2	ε'_2	δ
1a)	40,1°	−19,9°	−30,7°	−45,7°
1b)	35,3°	−24,7°	−38,9°	−38,9°
1c)	28,1°	−31,9°	−52,4°	−37,4°
1d)	19,5°	−40,5°	−77,1°	−47,1°
1e)	9,9°	−50,1°	+50,1°	
1 f)	0°	−60,0°	+60,0°	

Bei **e)** und **f)** wird der Strahl an der Prismenrückseite totalreflektiert. Er tritt dann an der Unterseite unter dem Winkel ε'_3 aus. Mit $\alpha_{23} = +60°$ und $\alpha = a_{12} = -60°$ ergibt sich für den weiteren Strahlverlauf und die Strahlablenkung:

	ε_3	ε'_3	δ
1e)	−9,9°	−15,0°	−90°
1 f)	0°	0°	−60°

	ε'_1	ε_2	ε'_2	δ
2a)	47,6°	2,6°	3,4°	−26,6°
2b)	41,5°	−3,5°	−4,6°	−19,6°
2c)	32,7°	−12,3°	−16,1°	−16,1°
2d)	22,5°	−22,5°	−30,1°	−15,1°
2e)	11,4°	−33,6°	−46,3°	−16,3°
2f)	0°	−45,0°	−67,6°	−22,6°

3) −5,43° −5,10° −5,02° −5,23° − 5,76°

AO 3.8.3

1) $\delta_{min} = -25{,}1°$
2) $\delta_{min} = -15{,}7°$
3) n = 1,63
4a) $\delta_{min} = -25{,}1°$ **b)** $\delta_{min} = -7{,}4°$
5) n = 1,706
6a) $\delta = -16{,}9°$ **b)** näherungsweise $\delta = -15°$

7) $\alpha = 7{,}1°$

8) n = 1,65

AO 3.8.5

1a) P = 15 cm/m **b)** B.u.

2) q = 1 m nach oben

AO 3.8.6

1) P = 26,8 cm/m

2) $\delta = 8{,}5°$

3) P = 8,7 cm/m

4) $\delta = 11{,}4°$

AO 3.8.7

1a) $\Delta\delta = 0{,}5°$

1b) 4,4 cm

2) $\Delta n = 0{,}014$

4.4 Optische Abbildungen durch Kugelflächen, sphärische Linsen und Spiegel (AO 4)

AO 4.1.2

1) D = +8 dpt

2) r = −2 cm

3a) r = +2 cm

3b) a' = +8,8 cm

3c) a' = −10,0 cm

4a) D = −10 dpt

4b) a' = −2,5 cm

4c) a' = +5,0 cm

4d) a = −5,0 cm

5a) r = −4,0 cm

5b) a' = −5,2 cm

5c) a' = +3,7 cm

5d) a = −36 cm

5e) a = −8,3 cm

AO 4.1.4

1b) $\bar{f}$ = −10,0 cm f' = +15,0 cm

2b) $\bar{f}$ = +15,0 cm f' = −10,0 cm

3b) $\bar{f}$ = −8,5 cm f' = +6,5 cm

4b) $\bar{f}$ = +8,5 cm f' = −6,5 cm

AO 4.1.5

1a) $\bar{f}$ = −4,0 cm f' = +6,0 cm r = +2,0 cm

1b) r = +0,02 m

2a) $\bar{f}$ = +6,7 cm f' = −8,7 cm r = −2,0 cm

2b) r = −0,02 m

3a) $\bar{f}$ = −10,0 cm f' = +15,0 cm

3b) $\bar{f}$/n = −10,0 cm f'/n' = +10,0 cm

3c) r = +5,0 cm

4a) $\bar{f}$ = +15,0 cm f' = −10,0 cm

4b) $\bar{f}$/n = +10,0 cm f'/n' = −10,0 cm

4c) r = +5,0 cm

5a) $\bar{f}$ = −8,5 cm f' = +6,5 cm

5b) $\bar{f}$/n = −5,0 cm f'/n' = +5,0 cm

5c) r = −2,0 cm

6a) $\bar{f}$ = +8,5 cm f' = −6,5 cm

6b) $\bar{f}$/n = +5,0 cm f/n' = −5,0 cm

6c) r = +2,0 cm

AO 4.1.6

1a) a' = +8,0 cm y' = −3,0 cm

1b) a' = +10,0 cm y' = −5,0 cm

1c) a' = +20,0 cm y' = −15,0 cm

1d) a' = −10,0 cm y' = +15,0 cm

2a) a = −10,0 cm y = +6,0 cm

2b) a = −3,3 cm y = +2,0 cm

3a) a' = −10,7 cm y' = +4,3 cm

3b) a' = −8,3 cm y' = +6,7 cm

3b) a' = −5,0 cm y' = +10,0 cm

4a) a = −12,5 cm y = +6,5 cm

4b) a = −4,8 cm y = +7,4 cm

AO 4.1.7

1a) a' = +8,0 cm y' = −3,0 cm

1b) a' = +10,0 cm y' = −5,0 cm

1c) a' = +20,0 cm y' = −15,0 cm

1d) a' = −10,0 cm y' = +15,0 cm

2a) a = −10,0 cm y = +6,0 cm

2b) a = −3,3 cm y = +2,0 cm

3a) a' = −10,7 cm y' = +4,3 cm
3b) a' = −8,3 cm y' = +6,7 cm
3c) a' = −5,0 cm y' = +10,0 cm
4a) a = −12,5 cm y = +6,5 cm
4b) a = −4,8 cm y = +7,4 cm

AO 4.1.8

1a) a' = +5,0 cm y = −4,3 cm
1b) y' = −4,33 cm
2a) a' = −5,0 cm y = +4,3 cm
2b) y' = +4,33 cm
3a) a' = +7,5 cm y = −1,7 cm
3b) y' = −1,67 cm
4a) a' = −7,5 cm y = +1,7 cm
4b) y' = +1,67 cm

AO 4.1.9

1a) Die Bildstrahlen verlaufen parallel, +12,5° zur optischen Achse geneigt.

Damit gilt: a' = ∞ σ' = +12,5°

1b) σ' = +12,53°

2a) Die Bildstrahlen verlaufen parallel, −12,5° zur optischen Achse geneigt.
Damit gilt: a' = ∞ σ' = −12,5°

2b) σ' = −12,53°

AO 4.1.10

1a) a' = +12,5 cm
1b) a = −8,0 cm
2a) a' = −5,0 cm
2b) a = −13,8 cm

AO 4.2.3

1a) a' = +8,3 cm y' = −3,3 cm
a' = +10,0 cm y' = −5,0 cm
a' = +15,0 cm y' = −10,0 cm
a' = −5,0 cm y' = +10,0 cm
1b) a = −8,3 cm y = +4,0 cm
a = −4,0 cm y = +1,5 cm

2a) a' = −6,7 cm y' = +2,0 cm
a' = −5,0 cm y' = +3,0 cm
a' = −3,3 cm y' = +4,0 cm
2b) a = −6,7 cm y = +5,0 cm
a = −2,5 cm y = +5,0 cm
3a) a' = +8,7 cm y' = −3,3 cm
a' = +10,4 cm y' = −5,0 cm
a' = +15,6 cm y' = −10,0 cm
a' = −5,2 cm y' = +10,0 cm
3b) $\bar{f}$ = −4,0 cm f' = +5,2 cm
4) D = +12,5 dpt
5) D = +10,5 dpt
6a) a = −3,0 cm **6b)** D = +35,6 dpt
7) a = +4,0 cm a' = +2,7 cm
8) a = −4,0 cm a' = −2,7 cm

AO 4.2.5

1a) $\bar{h}$ = +2,3 mm h' = −4,7 mm h_a = 3,0 mm
1b) $\bar{h}$ = 0 h' = −6,7 mm h_a = 3,3 mm
1c) $\bar{h}$ = −3,1 mm h' = −9,0 mm h_a = 4,1 mm
2a) D = 41,5 dpt $\bar{h}$ = +2,3 mm
$\bar{f}$ = −32,0 mm h' = −1,4 mm
f' = +32,0 mm h_a = 0,3 mm
2b) D = +119,9 dpt $\bar{h}$ = +1,8 mm
f' = +8,3 mm h' = −1,1 mm
$\bar{f}$ = −8,3 mm h_a = 1,1 mm
3) D_1 = +175,0 dpt $\bar{h}$ = −2,2 mm
D_2 = −87,5 dpt h' = −4,4 mm
D = +141,5 dpt h_a = 3,8 mm
$\bar{f}$ = −7,1 mm
f' = +7,1 mm
4a) D = +1333 dpt
$\bar{f}$ = −0,75 mm $\bar{h}$ = +0,50 mm
f' = +0,75 mm h' = −0,50 mm
4b) D = +1133 dpt
$\bar{f}$ = −1,15 mm $\bar{h}$ = +0,76 mm
f' = +0,88 mm h' = −0,24 mm

AO 4.2.6

1) $\bar{s}$ = −9,3 mm S = −108 dpt
s' = +2,7 mm S' = +370 dpt
2a) $\bar{s}$ = −0,25 mm S = −4000 dpt
s' = +0,25 mm S' = +4000 dpt

2b) $\bar{s} = -0{,}39$ mm $S = -3333$ dpt
$s' = +0{,}64$ mm $S' = +1563$ dpt

AO 4.2.8

1a) $a' = +8{,}3$ cm
1b) $a = -6{,}7$ cm
2a) $a' = -3{,}3$ cm
2b) $a = -5{,}0$ cm
3a) $\bar{f} = -5{,}0$ cm $f' = +6{,}5$ cm
3b) $a' = +9{,}8$ cm
3c) $a = -2{,}0$ cm

AO 4.2.9

2a) $y' = -2{,}0$ cm
3a) $\sigma' = 18{,}4°$
4a) $\bar{f}_1 = -3{,}3$ cm $\bar{f}_2 = +7{,}4$ cm
$f'_1 = +4{,}3$ cm $f'_2 = -5{,}7$ cm
4b) $\bar{h} = -5{,}1$ mm
$h' = -9{,}0$ mm

AO 4.2.11

1) $a' = -10$ cm $y' = -6$ cm

AO 4.2.12

1a,b) $\bar{f} = -6{,}7$ cm $\bar{h} = -10$ cm
$f' = +6{,}7$ cm $h' = -10$ cm
1c) $D = +15{,}0$ dpt   sonst wie a, b)
2a) $a'_1 = +21{,}1$ cm $a'_2 = +15{,}7$ cm
$y'_1 = -3{,}3$ cm $y'_2 = -8{,}6$ cm
2b) $a' = +25{,}7$ cm $a'_2 = +15{,}7$ cm
$y' = -8{,}6$ cm
3a) $D = +25{,}4$ dpt
$\bar{f} = -3{,}9$ cm $\bar{h} = +6{,}1$ cm
$f' = +5{,}1$ cm $h' = +3{,}9$ cm
3b) $\bar{f}_1 = +10{,}0$ cm $\bar{f}_2 = -6{,}5$ cm
$f'_1 = -13{,}0$ cm $f'_2 = +6{,}5$ cm
4a) $a'_1 = -4{,}3$ cm $a'_2 = +11{,}9$ cm
$y'_1 = +5{,}3$ cm $y'_2 = -4{,}4$ cm
4b) $a' = +8{,}0$ cm $a'_2 = +11{,}9$ cm
$y' = -4{,}4$ cm

5) $D = +100$ dpt
$\bar{f} = -1$ cm $\bar{h} = +2{,}5$ cm
$f' = +1$ cm $h' = +5{,}0$ cm
6) $D = +26$ dpt
$\bar{f} = -3{,}8$ cm $\bar{h} = -6{,}2$ cm
$f' = +5{,}0$ cm $h' = -6{,}2$ cm
7a) $a'_1 = +10{,}0$ cm $y'_1 = -5{,}8$ cm
7b) $a'_2 = -3{,}3$ cm $y'_2 = +3{,}9$ cm
8a) $a'_1 = -5{,}0$ cm $y'_1 = +3{,}0$ cm
8b) $a'_2 = +6{,}7$ cm $y'_2 = -2{,}0$ cm
9a) $D = +13{,}5$ dpt $\bar{f} = -7{,}4$ cm
$f' = +7{,}4$ cm
9b) $\bar{h} = h' = -6{,}7$ cm
9c) $a'_1 = +20{,}0$ cm $y'_1 = -4{,}0$ cm
9d) $a'_2 = -12{,}7$ cm $y'_2 = +3{,}6$ cm
9e) $a' = -6{,}1$ cm $y' = +3{,}6$ cm
$a'_2 = -12{,}7$ cm
10a) $y' = -5{,}6$ mm
10b) $a'_2 = +29{,}4$ cm

AO 4.3.2

1) $\bar{f} = -5$ cm $D = +20$ dpt
2) $\bar{f} = +5$ cm $D = -20$ dpt
3) $\bar{f} = -4$ cm $r = -8$ cm
4) $\bar{f} = +4$ cm $r = +8$ cm

AO 4.3.3

1a) $\bar{f} = -4{,}0$ cm $D = +25$ dpt
$a' = +6{,}7$ cm $y' = -3{,}3$ cm
$a' = +8{,}0$ cm $y' = -5{,}0$ cm
$a' = +9{,}3$ cm $y' = -6{,}7$ cm
$a' = \infty$ $\sigma' = -51°$
$a' = -4{,}0$ cm $y' = +10{,}0$ cm
1b) $a = -6{,}7$ cm $y = +4{,}0$ cm
$a = -2{,}9$ cm $y = +2{,}0$ cm
2a) $\bar{f} = +4{,}0$ cm $r = +8{,}0$ cm
$a' = -2{,}7$ cm $y' = +1{,}7$ cm
$a' = -2{,}0$ cm $y' = +2{,}5$ cm
$a' = -1{,}3$ cm $y' = +3{,}3$ cm
2b) $a = -6{,}7$ cm $y = +4{,}0$ cm
$a = +6{,}7$ cm $y = +4{,}0$ cm
3) $y' = -8{,}1$ cm
4) $y' = +3{,}5$ cm

5) $\sigma' = -10{,}6°$

6) a = −10,0 cm D = +12,0 dpt

4.5 Optische Abbildungen durch astigmatische Linsen (AO 5)

AO 5.1.1

1) i) $a'_I = -1{,}00$ m in 0°
$a'_{II} = +0{,}67$ m in 90°
ii) $a'_I = -0{,}50$ m in 0°
$a'_{II} = +2{,}00$ m in 90°
iii) $a'_I = -0{,}25$ m in 0°
$a'_{II} = -0{,}67$ m in 90°

2) i) $a'_I = -0{,}29$ m in 0°
$a'_{II} = -1{,}00$ m in 90°
ii) $a'_I = -0{,}22$ m in 0°
$a'_{II} = -0{,}50$ m in 90°
iii) $a'_I = -0{,}15$ m in 0°
$a'_{II} = -0{,}25$ m in 90°

AO 5.1.2

1)

φ	0	30	60	90	120	150	180	°
D (φ)	0	1,25	3,75	5	3,75	1,25	0	dpt

2)

φ	0	30	60	90	120	150	180	°
D (φ)	5	3,75	1,25	0	1,25	3,75	5	dpt

AO 5.2

1a) $f'_I = +33$ cm in 90°
$f'_{II} = +20$ cm in 0°

b) i) $a'_I = +1{,}00$ m in 90°
$a'_{II} = +0{,}33$ m in 0°
ii) $a'_I = -1{,}00$ m in 90°
$a'_{II} = +1{,}00$ m in 0°
iii) $a'_I = -0{,}50$ m in 90°
$a'_{II} = \infty$ in 0°
iiii) $a'_I = -0{,}14$ m in 90°
$a'_{II} = -0{,}20$ m in 0°

2a) $f'_I = -0{,}33$ m in 90°
$f'_{II} = -1{,}00$ m in 0°

2b) i) $a'_I = -25{,}0$ cm in 90°
$a'_{II} = -50{,}0$ cm in 0°
ii) $a'_I = -20{,}0$ cm in 90°
$a'_{II} = -33{,}3$ cm in 0°
iii) $a'_I = -12{,}5$ cm in 90°
$a'_{II} = -16{,}7$ cm in 0°
iiii) $a'_I = -7{,}7$ cm in 90°
$a'_{II} = -9{,}1$ cm in 0°

AO 5.2.1

1a) $f'_I = +10{,}0$ cm in 0°
$f'_{II} = +6{,}7$ cm in 90°

2a) $a'_I = +20{,}0$ cm in 0°
$a'_{II} = +10{,}0$ cm in 90°

3a) $f'_I = +12{,}5$ cm in 90°
$f'_{II} = +8{,}0$ cm in 0°

4a) $a'_I = +25{,}0$ cm in 90°
$a'_{II} = +11{,}8$ cm in 0°

5) $a'_K = +8{,}0$ cm

6) $a'_K = +16{,}0$ cm

AO 5.3

1a) S = +2 dpt C = +1 dpt A 0°

1b) S = −2 dpt C = +4 dpt A 135°

1c) S = +2 dpt C = 0 dpt

1d) S = −0,25 dpt C = +0,5 dpt A 170°

2a) sph −9,0 cyl +1,75 A 155°

2b) sph −0,5 cyl +1,75 A 45°

2c) cyl +1,75 A 80°

2d) sph +3,75 cyl +1,75 A 70°

3a) cyl +6,75 A 60° ⊂ cyl +4,5 A 150°

3b) cyl −6,75 A 35° ⊂ cyl −8,5 A 125°

3c) cyl +2,5 A 0° ⊂ cyl +1,0 A 90°

3d) cyl +0,25 A 95° ⊂ cyl −0,25 A 5°

4a) $a'_K = +26{,}7$ cm

4b) $a'_K = +26{,}7$ cm

AO 5.4.1

1a) sph +0,3 cyl +1,4 A 23°

1b) sph +0,4 cyl + 5,2 A 48°

AO 5.4.2

1a) sph +0,3 cyl +1,4 A 23°
1b) sph +0,4 cyl +5,2 A 48°
1c) sph +1,4 cyl +5,3 A 51°
1d) sph +0,9 cyl +2,2 A 168°
1e) sph +0,9 cyl +2,2 A 113°
1f) sph −4,1 cyl +2,2 A 149°
2a) sph +0,29 cyl +1,41 A 22,5°
2b) sph +0,39 cyl +5,22 A 47,8°
2c) sph +1,36 cyl +5,29 A 50,5°
2d) sph +0,91 cyl +2,18 A 168,3°
2e) sph +0,91 cyl +2,19 A 113,4°
2f) sph −4,11 cyl +2,23 A 148,9°

AO 5.4.3

1) sph +0,22 cyl −0,44 A 92,5°
2) sph +0,35 cyl −0,70 A 87,5°

AO 6.1.1

1) a' = −3,3 cm, y' = +2 cm (das heißt ein virtuelles bildseitiges Blendenbild mit einem Durchmesser von 2 cm)

2a) a' = +10 cm, y' = −4 cm (das heißt ein reelles dingseitiges Blendenbild mit einem Durchmesser von 4 cm)
2b) a' = −5 cm, y' = +4 cm (das heißt ein virtuelles dingseitiges Blendenbild mit einem Durchmesser von 4 cm)

3) a' = −4,4 cm, y' = +3,3 cm (das heißt ein virtuelles dingseitiges Blendenbild mit einem Durchmesser von 3,3 cm)

4a) a' = +8,3 cm, y' = −2,2 cm (das heißt ein reelles dingseitiges Blendenbild mit einem Durchmesser von 2,2 cm)
4b) a' = −8,2 cm, y' = +6,1 cm (das heißt ein virtuelles dingseitiges Blendenbild mit einem Durchmesser von 6,1 cm)

4.6 Bündelbegrenzung (AO 6)

AO 6.2

1a) Die 1. Linsenöffnung ergibt sich als Aperturblende.
1c) Das schiefe Öffnungsstrahlenbüschel wird zusätzlich durch die 2. Linsenöffnung beschnitten.

2a) a = −3,8 cm
2b) Die Blende in F'_1 ergibt sich als Aperturblende.
2c) y' = −10 mm. Das schiefe Öffnungsstrahlenbüschel wird durch keine Blende zusätzlich beschnitten.
2d) y' = −20 mm. Das schiefe Öffnungsstrahlenbüschel wird durch keine Blende zusätzlich beschnitten, verläuft aber zum Teil durch Blendenrandpunkte.
2e) y' = −30 mm. Das schiefe Öffnungsstrahlenbüschel wird durch die 1. Linsenöffnung zusätzlich beschnitten und an der 2. Blende völlig ausgeblendet.

AO 6.4

1b) 2w = 43,6°
1c) GF = 800 m

2a) Vor der 1. Linse paralleles Hauptstrahlenbüschel mit einem Abstand der Randstrahlen von 2 cm. Damit Ausdehnung des Gesichtsfeldes in der Dingebene 2 cm.

4.7 Optische Instrumente (AO 8)

AO 8.1

1a) Hauptstrahlbrechung vernachlässigt:
$y'_N = -4{,}5$ mm
berücksichtigt: $y'_N = -3{,}3$ mm
1b) Hauptstrahlbrechung vernachlässigt:
$y'_N = -11{,}9$ mm
berücksichtigt: $y'_N = -8{,}9$ mm
1c) Mit diesen Netzhautbildgrößen ergeben sich die gleichen Lupenvergrößerungen

$\Gamma'_L = 11{,}9/4{,}5 = 2{,}64$ bzw.
$\Gamma'_L = 8{,}9/3{,}3 = 2{,}70$

d) Mit $\beta' = 2{,}0$ und $a_E = -7{,}5$ cm ergibt sich $\Gamma'_L = 2{,}67$

AO 8.2.1

1a) $\Gamma'_N = 4; 10; 16$
1b) $a = \bar{f}_L = -2{,}5$ cm
1c) $\bar{e} = f'_L = +2{,}5$ cm

2) y'_N ergibt sich unabhängig vom Abstand des Gegenstandes von der Lupe:
Hauptstrahlbrechung vernachlässigt: $y'_N = -8{,}9$ mm
berücksichtigt: $y'_N = -6{,}7$ mm

3) y'_N ergibt sich unabhängig vom Hauptebenenabstand Auge - Lupe:
Hauptstrahlbrechung vernachlässigt: $y'_N = -17{,}9$ mm
berücksichtigt: $y'_N = -13{,}4$ mm

AO 8.2.2

1) $\Gamma'_L = 3{,}8$
2) $\Gamma'_L = 3{,}3$
3) $a_E = -25$ cm
4) $D = 40$ dpt
5) $a = -3{,}9$ cm
6a) $a = -6{,}5$ cm **b)** $\Gamma'_L = 3{,}4$
7a) $\Gamma'_L = 3{,}3$ **b)** $a_E = -30$ cm **c)** $\beta' = 4$
8a) $D = 12$ dpt **b)** $a_E = -37{,}5$ cm
8c) $\beta' = 2{,}5$
9a) $\bar{e} = 16{,}7$ cm **b)** $\beta' = 6$
9c) $a = -5{,}6$ cm

AO 8.2.3

1) GF = 5,1 cm

AO 8.2.4

1a) $\Gamma'_N = 2{,}5$
1b) $a = -20$ cm
1c) $\Gamma'_L = 1{,}25$
2a) $\Gamma'_N = 2{,}5$
2b) $a = -6{,}7$ cm
2c) $\Gamma'_L = 3{,}75$
3a) $a = -13{,}3$ cm
3b) $\Gamma'_L = 3{,}75$
4a) $a = 0$
4b) $\Gamma'_L = 1{,}25$. Die Lupe ergibt lediglich die aufrechte 1:1-Abbildung. Die Vergrößerung kommt dadurch zustande, daß die zugrunde gelegte Bezugssehweite größer ist als die Akkommodationsentfernung a_E.
5a) $\Gamma'_N = 2$
5b) $\Delta D = 2$ dpt
5c) $\Gamma'_L = 1{,}5$
6a) $\Gamma'_N = 2$
6b) $\Delta D = -2$ dpt, das heißt, die Normalvergrößerung kann sich nicht ergeben.
6c) $\Gamma'_L = 2{,}5$
7a) $\Gamma'_N = 3{,}1$
7b) $\Delta D = 2$ dpt
7c) $\Gamma'_L = 3{,}6$
8a) $\Gamma'_N = 3{,}1$
8b) $\Delta D = -2$ dpt, das heißt, die Normalvergrößerung kann sich nicht ergeben.
8c) $\Gamma'_L = 2{,}6$

AO 8.2.6

1b) $a' = -7{,}2$ cm, $y' = +7{,}2$ cm
1c) Hauptstrahlbrechung vernachlässigt: $y'_N = -9{,}4$ mm
berücksichtigt: $y'_N = -7{,}0$ mm
1d) Mit $\beta' = 1{,}8$ und $a_E = -17{,}2$ cm
$\Gamma'_L = 2{,}6$

AO 8.2.7

1a) $D = +20$ dpt; $\bar{h} = h' = -5$ cm
Mit der Kühlschen Formel ergibt sich $\bar{e} = H'H_A = 7{,}0$ cm und damit als Abstand des Auges von der 2. Linse

$H'_2H_A = H'_2H' + H'H_A = h' + \bar{e}$

$\underline{H'_2H_A = +2 \text{ cm}}$

1b) $a' = H'O' = H'H_A + H_AO' = \overline{e} + a_E$

$a' = -13$ cm

Mit der Linsenabbildungsformel ergibt sich daraus

$a = -3{,}6$ cm

$a_1 = H_1O = H_1H + HO = \overline{h} + a$

$\underline{a_1 = -8{,}6 \text{ cm}}$

1c) $a_1 = -3{,}6$ cm $\Gamma'_L = 4{,}5$

AO 8.3

1a) $\Gamma'_N = 333$. Dabei muß sich der Gegenstand in der Dingbrennebene befinden:

$\overline{S}\,\overline{F} = \overline{S}H + H\overline{F} = \overline{h} + \overline{f} = -0{,}25$ mm

1b) $\Gamma'_N = 283$

$\overline{S}\,\overline{F} = \overline{S}H + H\overline{F} = \overline{h} + \overline{f} = -0{,}39$ mm

AO 8.3.1

1a) Gegenstand $a_1 = -5$ cm, $y_1 = -1$ cm

Sehwinkel des Lupenbildes $\sigma' = 21{,}8°$

1b) $\beta'_1 = -4$ und $\Gamma'_L = 2{,}5$ ergibt

$\Gamma'_M = -10$

2) $a_1 = -1{,}76$ cm

AO 8.4.2

1c) Mit $\sigma = +15°$ und $\sigma' = -34°$

$\Gamma'_F = -2{,}5$

2c) Mit $\sigma = +15°$ und $\sigma' = +34°$

$\Gamma'_F = +2{,}5$

3) $D_1 = +8{,}3$ dpt $D_2 = +66{,}7$ dpt

4) $D_1 = +10{,}0$ dpt $D_2 = -25{,}0$ dpt

AO 8.4.3

1c) Bildweite zum Okular $a'_2 = +5{,}6$ cm

Durchmesser AP = 1,6 cm

2c) Bildweite zum Okular $a'_2 = -2{,}4$ cm

Durchmesser AP = 1,6 cm

AO 8.4.5

1a)	2,5	3,8	6,3	2,0	6,0	4,0 mm
1b)	6,3	14,1	39,1	4,0	36,0	16,0
1c)	12,6	15,5	20,0	14,1	24,5	30,0
1d)	4,8	4,8	4,8	6,0	6,0	9,0
	3,8	4,7	6,0	4,2	7,4	9,0

Die Gläser 8 x 50 und 10 x 60. Entsprechend können diese Gläser als Nachtgläser bezeichnet werden.

AO 8.4.6

1a) $z_1 = -3{,}2$ m

1b) $z'_2 = -1{,}0$ m

1c) $z_1 = -64$ m

AO 8.4.7

1a) Um $\Delta = +0{,}3$ mm muß das Okular herausgedreht werden.

1b) $z_2 = +0{,}3$ mm

1c) $z_1 = -72$ m

AO 8.4.8

1a) w = 4,8°

GF in 1000 m Entfernung: 167 m

GF in 30 m Entfernung: 5 m

1b) mindestens 2 mm

2) w = 5,1°

GF in 30 m Entfernung: 5,3 m

3a) AP = 4 mm; die Objektivöffnung

3c) w = 5,7°

3d) GF in 1000 m Entfernung: 200 m

AO 8.4.9

1a) $\varnothing_2 = 3$ cm

w = 5,7°, GF = 200 m

1b) $\varnothing_2 = 5$ cm

1c) $\varnothing_2 = 2{,}5$ cm

AO 8.6.1

1b) +1,8 cm

1c) −1,8 cm

Raum für Notizen

Raum für Notizen